云南自育烤烟品种红花大金元特性及关键配套生产技术集成与应用

YUNNAN ZIYU KAOYAN PINZHONG
HONGHUA DAJINYUAN TEXING JI GUANJIAN PEITAO
SHENGCHAN JISHU JICHENG YU YINGYONG

鲁耀 刘浩 谢永辉 主编

中国农业出版社
北京

图书在版编目（CIP）数据

云南自育烤烟品种红花大金元特性及关键配套生产技术集成与应用 / 鲁耀，刘浩，谢永辉主编. —北京：中国农业出版社，2021.7
ISBN 978-7-109-28228-5

Ⅰ.①云…　Ⅱ.①鲁…②刘…③谢…　Ⅲ.①烤烟—栽培技术—云南　Ⅳ.①S572

中国版本图书馆 CIP 数据核字（2021）第 085967 号

————————————————————————

中国农业出版社出版
地址：北京市朝阳区麦子店街 18 号楼
邮编：100125
责任编辑：王秀田　　文字编辑：常　静　司雪飞
版式设计：王　晨　　责任校对：吴丽婷
印刷：北京中兴印刷有限公司
版次：2021 年 7 月第 1 版
印次：2021 年 7 月北京第 1 次印刷
发行：新华书店北京发行所
开本：700mm×1000mm　1/16
印张：13.5
字数：220 千字
定价：48.00 元
————————————————————————

编 写 委 员 会

主　编：鲁　耀　刘　浩　谢永辉
副 主 编：肖旭斌　杨应明　李　伟　朱海滨　宋鹏飞　段宗颜
编写人员（以姓氏笔画为序）：

马永凯	王　炽	王　超	王志江	王建新	王绍坤
王攀磊	计思贵	孔垂思	付　斌	吕　凯	朱法亮
朱海滨	刘　浩	刘正玲	刘冬梅	刘红光	闫　辉
孙　胜	严　君	李　伟	李东节	李永亮	李枝武
李枝桦	杨　义	杨　明	杨　涛	杨应明	杨树明
杨景华	肖旭斌	邱学礼	何晓健	邹炳礼	宋鹏飞
张　晗	张　静	张石飞	张忠武	陈兴位	陈拾华
武　凯	林　昆	欧阳进	罗华元	金　霞	周　敏
周绍松	赵新梅	荣凡番	胡万里	胡战军	段宗颜
侯战高	饶　智	耿川雄	聂　鑫	钱发聪	倪　明
徐天养	殷红慧	彭　云	彭漫江	董石飞	程昌新
鲁　耀	谢永辉	詹莜国	魏俊峰		

前 言

FOREWORD

　　红花大金元品种是由云南省石林县路美邑村的烟农从"大金元"品种的自然变异株中选出，经云南省烟草科学研究院系统选育而成的优良品种。该品种产量不高，但品质优越，需肥量少，适应性广，曾是云南的主栽品种之一，1985 年的种植面积占云南省种烟面积的 70% 左右，在云南"两烟"发展中发挥了重要作用，贵州、湖南、四川、山东等省份均有种植，是 1986 年至 1988 年全国种植面积最大的品种。该品种在大多数烟区有效叶片数少（一般仅 16～17 叶/株），抗病性差（高感根茎类病和病毒病），难烘烤（青筋黄片多），产量、产值低，导致地方政府烟叶税收减少，地方政府在引进推广 K326 品种后，红花大金元种植面积急剧下降。红花大金元烟叶外观质量较好，物理特性适宜，化学成分及组成比例协调，中性致香成分产物较多，烟叶香气质好、飘逸、量足、细腻、优雅、甜润感突出，香气量适中，吃味独特，杂气较轻，刺激性较小，余味舒适，清香型风格特点突出；作为生产中式卷烟的优质原料，其香味醇和，配伍性较好，有突出的、不可替代的香型特点。因此，红花大金元品种倍受国内卷烟工业的欢迎，尤其是《中国卷烟科技发展纲要》明确以市场为导向，保持和发展中国卷烟特色，确立了"中式卷烟"的卷烟科技发展方向后，许多卷烟企业对红花大金元烟叶情有独钟，并投入大量的资金和技术来扶持烟农生产。在此特别感谢红云红河烟草（集团）有限责任公司、云南中烟工业有限责任公司、云南省烟草公司昆明市公司等单位对本书给予的帮助和支持。感谢云南省农业科学院农业环境资源研究所植物营养与肥料研发研究创新团队及合作单位各位同仁的辛勤付出。

　　本书内容共分为十章，第一章介绍了红花大金元品种选育过程、历史地位及推广种植变迁、目前在卷烟工业中的应用规模及地位作用；第二章介绍了红花大金元品种生物学特征及生产特性；第三章介绍了红花大金元品种烟叶品质及风格特征；第四章、第五章、第六章系统地介绍了红花大金元品种适宜种植的生态环境及区域分布，关键配套栽培及施肥技术试验研究，主要病害绿色防控技术试验研究；第七章、第八章、第九章、第十章针对红花大金元抗病性差、难烘烤、产量产值低、烟农种植积极性低等问题，介绍了所开展的关键配套采烤技术试验研究，储藏及复烤、醇化技术试验研究，烟叶生产、收购扶植政策研究，关键配套生产技术集成与应用。

本书内容涵盖了红花大金元品种的农业生产技术、工业应用和商业收购扶植政策的研究成果，是工、商、研合作的结晶，适用于烟草行业部门生产技术推广人员、卷烟企业烟叶原料开发部门的技术人员，以及从事烟草科学研究的人员阅读与参考。

由于编者水平有限，书中疏漏在所难免，敬请读者批评指正。

编　者

2021 年 2 月

目 录
CONTENTS

第一章

红花大金元品种概述

一、红花大金元品种选育过程

红花大金元原名路美邑烟，是 1962 年由云南省石林县路美邑村烟农从美国引进的大金元变异株中选出的单株，后经云南省烟草科学研究院培育而成，因花色深红，于 1974 年正式定名为红花大金元，1988 年通过全国烟草品种审定委员会审定。

20 世纪 80 年代红花大金元在云南、贵州、四川、湖北、山东等省份均有种植，该品种在 60 年代后期至 80 年代中期，占云南省种烟面积的 70％以上，是云南省的当家品种。昆明卷烟厂从大金元品种引入至红花大金元品种推广种植，一直采用大金元和红花大金元烟叶作为卷烟生产的主要原料，所生产的卷烟品牌"云烟""大重九"等因其独特的香味和优良的口感而深受广大烟民欢迎。

1986—1988 年，红花大金元在全国种植面积最大，之后由于种植年限太长，抗病性严重退化，且难烘烤，导致产量、产值双双下降。而 1985 年从美国引进的 K326 和云南选育的云烟 2 号品种因抗病能力强、易烘烤、产量高，迅速得到大面积推广，对红花大金元的种植形成了冲击，导致红花大金元种植面积开始逐年下降。到 1995 年，全国仅有云南大理州、昆明市少数县区的部分烟农在零星种植红花大金元。由于红花大金元烟叶原料数量少，大多数烟厂被迫改用其他品种烟叶。全国只有昆明卷烟厂一直坚持种植和使用红花大金元烟叶原料。但由于红花大金元烟叶原料数量少，昆明卷烟厂一度被迫加大其他品种烟叶的使用量，造成了卷烟品质的下降。因此，尽管多数烟农不愿种红花大金元，但昆明卷烟厂克服各种困难，着力扶持红花大金元的种植，促使红花大金元烟叶的调拨量恢复到 10 万担左右。1997 年昆明卷烟厂通过加大红花大金元烟叶的使用比例，成功地推出了"红山茶""醇香云烟""红云烟"三包烟。这"三包烟"一上市就因其吸味好、口感佳，深受市场欢迎，销量直线上升。后来，红云红河集团积极推广红花大金元种植，相继推出了云烟（紫）、云烟（软珍品）和云烟（印象）等系列产品，其品质和口感有了进一步提升，深受市场欢迎，其产品也成为国内重点卷烟骨干品牌和中式卷烟的典型代表之一。

二、红花大金元品种历史地位及推广种植变迁

1960—1980 年，红花大金元曾是全省乃至全国第一大品种。1985 年红花大金元的种植面积占云南种烟面积的 70% 左右，贵州、湖南、四川、山东等省均有种植。1986—1988 年，红花大金元是全国种植面积最大的品种（张树堂等，2007；黎妍妍等，2007）。

自 1990 年起红花大金元在全国的种植推广面积逐年加大，1993 年超过 200 万亩[*]，其中云南省的种植面积最大。随着我国主栽品种的逐年增多，烟叶原料特征及风格逐步向多元化趋势发展；加之红花大金元的"两黑病"不易控制、栽培技术及烘烤特性不容易把握，使得该品种的种植面积开始逐年下滑。2002 年红花大金元在全国的种植面积仅有 37.5 万余亩，占全国烤烟总面积的 2.5%，云南省有 20 万亩。随后由于卷烟工业的需要，和配套相关政策的投入，从 2003 年起，红花大金元在云南及全国的种植面积开始逐年回升，2007 年在全国的种植面积已超过 66 万亩，占全国烤烟种植面积的 4.5%；其中云南省超过 50 万亩，占云南烤烟种植面积的 9.5%（陈用等，2004；马文广等，2009）。

2008—2014 年，红花大金元种植面积直线攀升，2014 年达到峰值，全国种植面积达到了 207 万亩，占全国烤烟总种植面积的比例达到了11.3%；云南省超过 150 万亩，占云南烤烟种植面积的 20.9%。2015 年全国种植面积迅速下滑至 143 万亩，2016 年继续下滑至 88 万亩。2017—

---

[*] 1 亩＝1/15hm²。——编者注

2019 年稳定在 70 万亩左右，在全国占比 5％左右；其中云南种植面积始终维持在 50 万亩以上。

三、红花大金元品种在卷烟工业中的应用规模及地位、作用

（一）红花大金元品种目前推广种植情况及在卷烟工业中的应用规模

2019 年红花大金元品种在全国的种植面积为 68.6 万亩，收购量为 177 万担*。种植分布在云南、四川两省，其中云南省种植 53.3 万亩，收购量为 137 万担；四川省种植 15.3 万亩，收购量为 40 万担。

在云南省，红花大金元品种主要种植区域分布在大理、昆明、保山、红河和曲靖 5 个市（州），其中种植面积较大的是大理和昆明，种植面积都在 20 万亩左右。

目前，红花大金元品种烟叶在年度工业应用规模折合原烟 200 万担左右，因其典型的清甜香风格特征比较契合云产卷烟风格需求，所以在云产卷烟中应用规模较高。

云产卷烟的成功，引起了全国烟厂的高度关注，国家局"中式卷烟"理念的提出，促使中国烟草行业重新认识红花大金元这一特殊品种，重视其烟叶在卷烟配方中的作用。加大红花大金元品种烟叶在卷烟产品中的使用比例已成了全国各大卷烟企业的共识，从而带动和促进了红花大金元品种烟叶种植和使用比例的不断升高。

（二）红花大金元品种烟叶在卷烟配方中的地位、作用

笔者将某品牌高端卷烟产品配方中的红花大金元品种烟叶用其他主栽品种烟叶替换后，发现该卷烟品牌产品的香气、烟气和口感的质量均明显下降，这表明红花大金元品种烟叶在该高端品牌中具有不可替代性。因此，红花大金元品种在主栽品种中具有重要地位，主要源于其感官品质的优越：在感官品质上红花大金元品种具有突出、丰富、纯净的"清甜香"

---

* 1 担＝50kg。——编者注

风格特征，柔和、细腻、饱满、津甜的烟气结构及舒适干净的口感特点，为卷烟提供细腻、优雅的风格特征，使它具有不可替代的品种特色。因此，红花大金元品种烟叶对塑造卷烟产品的风格特征有着重要的支撑作用。

红花大金元品种的良好配伍性，使卷烟产品的清甜香风格非常突出，主要表现在香气愉悦、细腻、柔和及口感舒适性上；与其他品种烟叶一起，相互协调、配合，塑造了卷烟产品纯净、自然的清甜香风格与细腻、柔和的感官品质特征。

第二章 红花大金元品种生物学特征及生产特性

一、生物学特征

红花大金元株形呈筒形或塔形，叶呈长椭圆形，叶尖渐尖，叶面较皱，叶缘波浪，叶色绿，叶耳大，叶片主脉粗细中，叶肉组织细致，茎叶角度小，叶片较厚，花序密集、呈倒圆锥形，花冠深红色，花冠尖，种子椭圆形、浅褐色，蒴果卵圆形（图 2-1）。封顶株高 100～120cm，节距 4.0～4.7cm，茎秆粗壮，茎围 9.5～11cm，可采叶 18～20，移栽后至中心花开放需要 52～62d，大田生育期 110～120d，田间长势好，叶片落黄慢，耐成熟（王志德等，2014）。

图 2-1 红花大金元生物学性状

二、抗逆（病）性

红花大金元总体表现抗病性差，有一定的抗旱能力，不耐涝，中抗南方根结线虫病，气候型斑点病轻，易感黑胫病、根黑腐病、赤星病、野火病和普通花叶病，在大田移栽至现蕾期易发黑胫病，现蕾期易发白粉病，上部叶片不耐养、易受冷害及复合性病害的侵染，造成烟叶减产及可用性下降，因此在苗期和大田前期要充分注意对根黑腐病、黑胫病和花叶病的防治，叶片成熟期应充分注意赤星病、野火病的防治（雷永和等，1999）。

植物的抗病性是指植物避免、中止或阻滞病原物侵入与扩展，减轻发病和损失程度的一类特性。抗病性是植物的遗传潜能，其表现受寄主与病原物的相互作用和环境条件的共同影响。不同的植株对同一病原物，同一植株对不同种的病原物可具有不同的抗病性（Flor et al.，1971；鲁明波等，1998；Heath，2000）。因此，植物不同的抗病性反映在植物生理上就表现出一系列复杂的生理生化变化，包括植物细胞内活性氧的积累与清除、抗病信号的产生与转导、防卫反应的表达与调控等（Montalbini et al.，1986）。许多研究都表明，植物病害的发生与这些酶活性变化有着密切关系，并且非亲和性互作（抗病反应）和亲和性互作（感病反应）两者在 SOD（超氧化物歧化酶）等酶活性变化方面有着显著不同（朱友林等，1996；孔凡明等，1998）。近年来研究发现，植物受到病原物侵染后，与抗病性有关的一些主动防卫反应，包括细胞过敏性坏死、植保素、酚类、醌类物质等次生产物的合成、寄主细胞壁的加强和修饰（如木质素的积累）等寄主的主动防卫反应常与苯丙氨酸解氨酶（Phenylalanine ammonialyas，PAL）、多酚氧化酶（polyphenoloxidas，PPO）及 POD（过氧化物酶）活性密切相关（Lamb et al.，1989；章元寿等，1996；何晨阳等，1996）。植物的抗病和抗逆反应都是复杂而又相互联系的过程，包括植物细胞质膜上的受体感知胁迫刺激信号，传递给第二信使，再引发下游的信号传导，将信号传递给胁迫应答转录因子，最后转录因子特异性地与胁迫应答基因的顺式作用元件相结合，激活基因的表达，从而对逆境做出应答（Haim，1993；Hammerschimidt et al.，1982）。

随着分子生物学研究的快速发展，生物技术在烟草基础研究方面得到了广泛的应用。1995 年，利用分子标记技术，首先发现了抗烟草根黑腐病相关的烟草基因型。随后，在病原菌的同源性分析、病毒的序列及分子进化分析、病原菌及病毒的检测方面，运用生物信息学及分子生物学的研究手段，也取得了重大成就。作为一种特殊的遗传标记，分子标记是 20 世纪 80 年代后期发展起来的。目前，在烟草研究中应用较多的是 RAPD（随机扩增多态性 DNA）分子标记，利用 RAPD 标记对烟草黑胫病菌全基因组 DNA 遗传多态性进行了研究，并对与其来源不同的烟草黑胫病菌株的亲缘关系、致病性强弱等关系进行了分析，结果表明，烟草黑胫病菌具有稳定的遗传多态性，来源不同的菌株亲缘关系相近，不同年份黑胫病菌株的遗传分化与黑胫病发生危害程度呈正相关（张修国等，2001）。莫笑晗等（2003）通过分析黄症病毒科及马铃薯卷叶病毒属成员的核酸序列，设计出简并引物；然后，利用 RT－PCR（逆转录聚合酶链反应）的方法，从烟草丛顶病烟株总 RNA 中扩增得到了长度为 1 654bp 的片段。通过序列分析及对所编码蛋白的分子进化树分析，证实 TVDV 为黄症病毒科的确定成员，同时，他们推测 TVDV 还应当是马铃薯卷叶病毒属的一个新成员，这是 TVDV 分子生物学特征的首次报道。此外，他们还获得了 TBTV 的核苷酸全长序列，这是国际上完成的首个烟草丛顶病毒全序列测定（Mo，2003；秦西云等，2005）。

利用基因工程的手段提高烟草抗病性，张凯等（2005）将烟草花叶病毒（Tobacco mosaicvirus，TMV）的部分运动蛋白基因构建成反向重复结构，构建到植物表达载体 pBin438 上，然后通过农杆菌介导法转化烟草（Nicotiana tabacum）品种云烟 87，并获得了 50 株转基因烟草。对转基因烟草进行的 TMV 接种实验显示，转基因烟草对 TMV 的抗性包括 3 种类型：免疫型（10%）、抗病型（4%）及感病型（86%）。Northern 印迹分析表明，目标基因 mRNA 在不同抗病类型植株中的积累量存在明显差异，其积累量与抗病性呈负相关。

蒋冬花等（2002）将 cry 基因的 13 位赖氨酸突变成缬氨酸，从而获得突变基因 CryK13V。将此突变基因转入烟草，并对其阳性植株进行接种试验，结果表明，转基因阳性植株对黑胫病菌、赤星病菌和野火病菌等的抗性均有提高。对该基因表达的分子检测还证明，它表达的丰度与转基因植株的抗病性呈正相关。

β-1,3-葡聚糖酶及壳多糖酶是两个近年来研究较多的与抗真菌有关的蛋白质，它们在体外能水解壳多糖与葡聚糖这两种真菌细胞壁的主要成分，将这两个基因转入烟草，通过分子检测后，对转基因阳性植株进行了活体接种试验，结果表明，与对照相比，转基因植株具有较强的抵御赤星病菌侵染的能力（蓝海燕等，2000）。

为攻克红花大金元易感黑胫病的难题、以替代该品种为目标，云南省烟草科学研究院利用红花大金元为受体、抗黑胫病种质RBST为供体，经分子标记选择技术选出改良红花大金元，2018年通过全国品种审定，含抗黑胫病基因，高抗黑胫病，遗传背景恢复率达99.5%以上。

三、产量性状

生产红花大金元品种优质烟叶的最适烟株长势为"中棵烟"，一般亩产量100～140kg，而红花大金元的收购单产要求为115～140kg。

烟叶产量和其他农作物一样，包括生物产量和经济产量两个方面。生物产量指烟草在整个生长季节中所积累的干物质重量；经济产量指单位土地面积上所收获的可用干物质的重量，对烟草来说，也就是烟叶的产量。经济产量的形成是以生物产量，即有机物的总产量为物质基础，没有较高的生物产量也就不会有较高的经济产量。

由图2-2可见，红花大金元品种干物质累积量的规律是在移栽后的75d内逐渐增加并达到最大值；30d内缓慢增加，30～75d快速增加，而后趋于稳定或缓慢减少。累积速率则表现为在移栽后的20d内先缓慢增加，20～60d迅速增加，而后迅速降低，到110～120d接近于0（金亚波等，2008）。

烟叶产量是由单位土地面积上的株数、单株有效叶面积和单位面积重量决定（刘国顺等，2003）。在单位面积株数、单株留叶数差别不大的前提下，衡量烟叶产量与产值的因素主要是烟叶单叶重（徐兴阳等，2008）。研究表明，我国烟区烟叶单叶重下部叶适宜范围为6～8g，中部叶在7～11g范围内，上部叶达到9～12g。红花大金元最大叶的单叶重一般低于8g，相对于其他品种及适宜范围偏低，从而造成红花大金元烟叶产量、产值偏低。烟叶产量与种植密度有直接关系，适当的种植密度是获得优质烟叶的先决条件，种植密度不同，烤烟产量有差异（李海

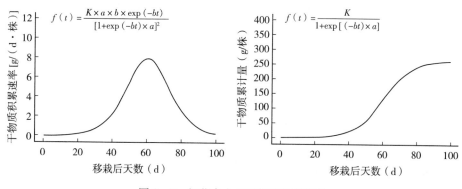

图 2-2　红花大金元干物质累积规律

平等，2008）。大田光分布情况和营养状况随种植密度的改变而改变，影响植株碳同化能力和光合速率，从而影响烤烟产量（宣凤琴等，2011）。孔德钧等（2012）研究表明，种植密度与红花大金元烟叶产量呈正相关，宽窄、行高、密度处理有利于产量和经济性状的形成。我国烤烟栽培多采用宽行距窄株距的移栽方式，一般为行距 1.2m、株距 0.5m，云南烟区红花大金元品种行距 1.1m、株距 0.5m，适宜种植密度为 1 200 株/亩左右，种植密度大于其他品种，因此种植密度不是造成红花大金元品种烟叶产量低的主要原因。

　　烟草作为经济作物，收获的是叶片，烟农往往通过增加留叶数的方式来增加产量，以此来获得更大的经济效益。烟株打顶后，干物质的生产与分配与留叶数关系极大，因为如果留叶数过多，烤烟产量反而有降低趋势，单株叶片生长发育不良，单叶重量减轻，叶片小而薄，内含物质不充实，叶质量下降，导致烟叶品质并不能和产量协调发展（易迪等，2008；黄莺等，2008；王正旭等，2011）。只有当留叶数在适宜范围内，烟田群体结构合理时，才能使得烟叶的产量和质量均衡发展（黄一兰等，2004）。刘洪祥（1980）发现叶片数与产量呈极显著正相关（$r=0.685\,3^{**}$），叶片数级呈显著负相关（$r=-0.521\,9^{**}$），多叶品种或留叶数较多，叶片之间矛盾加大时，品质会变差。潘广为等（2013）在高海拔烟区（海拔 1 400m 以上）试验发现：在农艺性状方面，留叶数减少，烟株株高、茎

---

　　* 表示显著相关。** 表示极显著相关。

围、最大叶面积有不同程度增长；在经济性状方面，留叶数 16 片时烤烟产量降低，均价较高，上等烟比例和上中等烟比例升高。留叶数 22 片时烤烟产量和产值最低，均价、上等烟比例显著低于其他处理。红花大金元留叶数 18～20 片，有效采烤叶数 15～18 片，相对于其他品种偏低，从而造成红花大金元烟叶产量、产值偏低。

红花大金元总体表现抗病性差，在大田移栽至现蕾期易发黑胫病，现蕾期易发白粉病，上部叶片不耐养、易受冷害及复合性病害的侵染，从而造成烟叶减产。

红花大金元品种虽然产量不高，但品质优越，需肥量少，适应性广，曾是云南的主栽品种之一，在云南"两烟"发展中发挥了重要作用。同时，烟叶产量指标包括收购单产与生物学单产，两者之间尚存在一定的差距，说明收购单产尚有很大的提升空间，要缩短两者差距，以及与其他品种的差距，只有依靠合理的区域布局、优良的栽培技术和科学的管理措施。

四、生育期表现

红花大金元采用小拱棚漂浮育苗，包衣种子从播种到出苗 16～18d，出苗到成苗 55～60d，移栽至现蕾 50～55d，移栽后至中心花开放需要 55～60d，栽后约 65d 开始采收脚叶，整个大田生育期 110～120d。

烟株在适当的生育时期必须及时由氮、碳固定和转化为主的代谢类型，转变为以碳的积累代谢为主，以保证碳水化合物和含氮化合物之间的代谢平衡，获得满意的烟叶品质（Sheen et al.，1973；Weybrew et al.，1983；左天觉等，1993）。前期生育进程过快的烟株，主要表现在伸根期明显缩短，下部叶片大而薄，大田生育期也随之缩短。进入旺长期后，或因营养亏缺而造成后劲不足，产量、质量不佳；或因水肥条件能满足生长需要，长势旺盛，易造成烟株个体发育过度，叶面积系数偏大。这类烤烟虽能获得较高的产量，但烤后相同等级烟叶的烟碱含量呈下降趋势，香型特征由清香转变为中偏浓，评吸质量变差（陈永明等，2010；李文卿等，2013）。前期生育进程过慢的烟株则表现为早期生长发育迟缓、生长量小，易导致大田生育期延长、下部叶片发育不全、叶片小且质量欠佳。同时，后期易因雨水过多而造成烟株的贪青晚熟，不能正常落黄（田卫霞等，2013；张喜峰等，2013）。由此可见，烤烟生育进程快慢决定着大田生育期的长短，也直接关系到烟叶产量与质量高低。

对于烤烟的整个生育期来说，只要有合适的温度、湿度、降水和光照条件，烤烟的生长就能正常进行，但移栽期的气象条件尤为重要，移栽太早和太晚对烤烟的生长发育均不利（李腹广等，2007）。研究认为，烤烟不同移栽期的生育期差异明显，随着移栽期的提前，烤烟的大田生育期延长（祖朝龙等，2004；郭汉华等，2005），移栽期推迟生育期缩短（程政文等，2000）。但也有研究认为，移栽早，则团棵、现蕾、采烤也早；移栽晚，那么团棵、现蕾、采烤也晚。其大田生长期基本一致（关玉生等，1998）。移栽期通过影响烤烟大田生育期间所处的气候条件而对烤烟个体发育、生育进程及其产量和质量产生明显作用（祖世亨，1984；Ryu et al.，1988；陈茂建等，2011；胡钟胜等，2012）。由于移栽期的不同，烟株从移栽到团棵所经历的天数及田间长势长相均存在差异，而移栽至现蕾天数的差异达到了极显著水平。移栽过早，生长前期温度光照不能满足烟株稳健生长的需要，烟株生长缓慢导致伸根期过长；而移栽过迟则导致烟株短时间进入旺长期，生长不稳健（聂荣邦等，1995；黄一兰等，2001）。广东南雄烟区研究表明（顾学文等，2012），随着移栽期的推迟，烟株生育进程加快，旺长期、采烤期及大田生育期趋于缩短，这与杨园园等（2013）研究结果一致。过早或过迟移栽都不利于烟株个体发育和合理群体结构的形成，直接影响到烤烟烟叶后期能否正常落黄（王寒等，2013）。综上可见，不同移栽期对烟株生长发育及其生育进程有明显的影响。合理的移栽期是生产优质烟叶的前提和基础，过早或过迟移栽均不利于优质烟叶的获得。

相关研究认为，不同种植密度对烤烟生育进程无显著影响（上官克攀等，2003；邱忠智等，2013）。不同植烟密度前提下，烟株从移栽到团棵，低种植密度与高种植密度的烟株生长速度基本相同；从团棵到现蕾，不同种植密度的烤烟生育进程无明显差异。打顶期相同时，高种植密度烤烟比低种植密度烤烟的大田生育期缩短，但差异不显著（仅 2～3d）（江豪等，2002）。虽然种植密度对烤烟大田生育期、生育进程的作用不明显，但在烤烟生产中仍应选择合理的种植密度，避免植烟密度过大或者过小而造成群体与个体之间矛盾凸显，影响优质烟叶生产。

　　氮素是影响烟株生长发育、烟叶质量的最重要元素。薛刚等（2012）研究表明，不同施肥用量和施用方式对烤烟生育进程具有明显影响。就不同施氮量而言，施氮肥量较高的烟田较早进入团棵期，较晚进入现蕾期和成熟期，生育期明显延长。不施氮肥处理的烟田最晚进入团棵期、最早进入现蕾期和成熟期，大田生育期缩短。张黎明等（2011）研究指出，在不同施氮水平条件下，各种处理从移栽到团棵的天数是相同的。但随着施氮量减少，烟株更早现蕾并进入成熟期，大田生育期缩短，这与薛刚等的报道是一致的。然而也有研究认为，在施氮量为 97.5kg/hm² 时，不同氮素形态处理之间，烤烟从移栽至现蕾时的天数间隔仅 1～2d，而对大田生育期无影响（尹学田等，2009）。不同追肥量对烤烟的生育进程影响较小，团棵至现蕾的天数仅相差 3d，对整个大田生育期的天数则基本无影响（李佛琳等，2008）。聂荣邦等（1997）研究表明，在施纯氮量相同的条件下，化肥、猪牛粪与饼肥配比施用的烟田，从移栽到团棵的天数显著多于只施化肥的烟株，而前者的施肥处理成熟适时，且分层落黄好。由此可见，施肥对烤烟生育进程影响研究报道结果不尽一致，这可能与试验烟区生态条件、试验材料与方法不同有关。

　　水分对烤烟生长发育、烟叶产量和质量起着决定作用，而不同生育期由于其群体大小、生长发育阶段等不尽相同，对水分的要求也不尽相同。有研究表明，在烟草大田生育期总灌水量相同的情况下，各生育期灌水量的不均匀分配对烤烟的生长发育和产量有影响显著（蒋文昊等，2011）。崔保伟等（2008）指出，伸根期轻度干旱使烟草根系体积、鲜重和干重增加，促进烟草根系发育，有利于后期产量与品质的形成。但是在土壤水分极其有限供应的条件下，矿物质养分有效性及其利用率都有不同程度的降低，对植物的生长不利（Clough et al.，1975；Reynolds et al.，1995；Tesfaye et al.，2013）。而适时适量的灌溉能减少肥料用量，加快烟草的生长并提高烟叶的产量和品质（王宇等，2012；彭静等，2013）。施肥量过大时，采用灌水可以消除烟株潜在的肥害；成熟期时，灌水能防止下部叶底烘，提高烤烟的烘烤特性。从烤烟生理生态学角度出发，根据烤烟各生育时期的需水特性，采用不同灌溉方式对烤烟生长发育过程中不同阶段进行水分补充或控制，有利于优质烤烟产量和质量的形成。

　　覆盖栽培具有保湿、保温、防病虫害、抑制杂草等作用，克服自然条件短板限制，改善水、肥、气、热等环境因子，满足处于不同生育时期的烟株对栽培环境条件要求，提高烟叶产量与质量。不同覆盖栽培方式对烤烟生育进程的影响主要表现在生育前期。高福宏等（2012）通过覆盖栽培与裸栽烟处理对比试验，发现覆盖栽培的烟株成活率提高，还苗期缩短，现蕾时间延迟。钟翔等（1997）研究认为，地膜覆盖促进了烤烟的早长快发，使烟株各生育时期提前，移栽至团棵的时间提前尤为突出，防止了早花现象，大田生育期缩短，但营养积累时间相对延长。此外，文献报道地膜覆盖、秸秆覆盖均可以缩短烟株大田生育期，显著提高烟叶的产量、产值、上等烟比例和均价（郭利等，2008；熊茜等，2012）。王安柱等（1997）研究表明，与露地栽培比较，地膜覆盖的烤烟移栽至团棵的天数缩短 5d，整个大田生育期缩短 12d；秸秆覆盖的团棵至现蕾的天数缩短 2d，大田生育期缩短 5d；而地膜加秸秆覆盖的大田生育期天数缩短了 9d，产量、上中等烟叶比例则分别提高了 30.07％和 20.03％。

综上所述，为促进红花大金元烟株早生快发，使烤烟个体发育和生育进程加快，大田生育期缩短，提高红花大金元烟叶产品质量，首先要考虑红花大金元的最适宜移栽期。笔者研究表明，红花大金元膜下小苗合理移栽期为 4 月 15～30 日，最适宜移栽期为 4 月 15～25 日，2 000m 及以下海拔段可以适当推迟膜下小苗移栽时间，2 100m 及以上海拔应该尽量提前移栽；不同区域膜下小苗最适宜移栽时间为红河、昆明 4 月 15 日～5 月 5 日，曲靖 4 月 10～30 日，保山 4 月 25 日～5 月 15 日。同时要加强烟田养分、水分管理及地膜、秸秆等覆盖措施。

五、养分累积及需肥特征

烤烟体内营养元素的积累与分配状况是烤烟营养学的一个重要内容。营养元素与烟叶的产品质量及品质密切相关，对烤烟营养元素的吸收与分配规律已有很多研究报道，研究表明，营养元素的吸收与土壤、栽培措施、肥料等多种因素有关。烤烟品种不同，其根系密度、形状、结构、生长速度、对菌根的敏感程度等也会存在一定程度的差别，从而导致其有机物分泌种类和数量的差别、改变土壤 pH 能力的差别，进而影响其对营养元素的吸收。不同品种对营养元素的积累与分配规律也具有一定的差异。

由图 2-3 可见，红花大金元在移栽后 40d 氮吸收达到高峰，之后开始下降，60d 后大幅下降。这主要是因为移栽后 60d 左右，烟叶开始成熟，对氮的需求量明显减少，80d 后下降幅度又开始变缓，不同器官中的浓度大小依次是叶＞根＞茎；磷吸收高峰在移栽后 60d 左右，之后逐渐下降，这说明烤烟对磷的吸收较对氮的吸收有所推迟，不同器官中的浓度大小依次是根＞叶＞茎；钾的吸收高峰都集中在移栽后 40～60d，因此，在团棵期至旺长期施钾肥利用率较高，红花大金元对钾的需求量相对较大，在施肥时要注意把握适宜时间，不同器官中的浓度大小依次是叶＞根＞茎。20d 后，硫的积累与吸收急剧下降，到 40d 时，积累与吸收又趋于平稳，不同器官中的浓度大小依次是根＞叶＞茎。移栽后红花大金元品种对钙的吸收有一个顶峰，即移栽后 40d 时，之后吸收才逐渐下降，不同器官中的浓度大小依次是叶＞根＞茎。红花大金元品种对镁的吸收与积累随着生育时期的推移总体上呈下降趋势，这可能是因为随着生育期的推移，烤烟对镁的吸收利用能力逐渐减弱，不同器官中的浓度大小依次是根＞叶＞茎（后期表现为叶中镁的含量最大）。与 K326 品种相比，对 N（氮）素的吸收红花大金元品种大于 K326；对 P（磷）素的吸收红花大金元品种大于 K326，但 80d 后，叶、根对 P 素的吸收小于 K326；对 K（钾）素的吸收大于 K326；对 S（硫）素的吸收大于 K326，但 80d 后，叶对 S 素的吸收小于 K326；叶对 Ca（钙）素的吸收大于 K326，而根茎对 Ca 素的吸收小于 K326；对 Mg（镁）的吸收大于 K326（杨龙祥等，2004）。

烟草对肥料相当敏感，由于烟田土壤养分含量及其释放状况很少能和烟株的吸肥规律一致，所以要通过施肥来调节。氮磷钾的施用量主要依据氮素的施用量来确定，因为在各种营养元素中，氮素是影响烟株生长和发育以及烟叶质量的最重要的元素。施氮量比施肥的总量更多地影响烟草产量和化学组成（刘国顺，2003；胡国松，2000）。随着施氮量水平的提高，团棵期、现蕾期、始烤期相应推迟，大田生长期延长（陈玉仓等，2007；何欢辉等，2008）。研究表明，施氮量的增多促进了烟叶的生长，使得各部位烟叶明显增大，同时推迟了烟叶采收期及间隔期，欠肥早采 4d 左右，过肥晚采 3d 左右（杨俊兴等，2007）。不同的施氮量对烤烟的株高、茎围、叶数、叶面积等有着明显的影响（张建等，2008）。随施氮量增加，烟株主要农艺性状如株高、茎围、有效叶长和叶宽均明显增加（陈顺辉

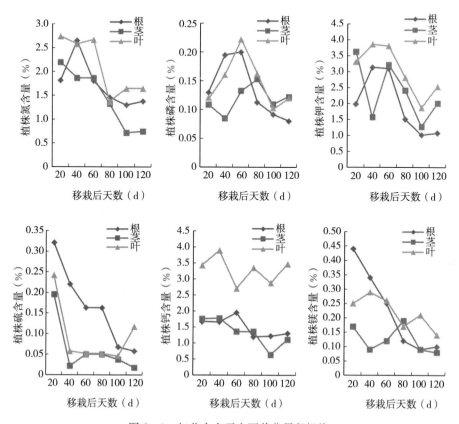

图 2-3　红花大金元主要养分累积规律

等，2003）。烤烟的株高、茎围、单叶重和叶面积都与施氮量呈显著的正相关（翟馄等，2006）。但随施氮量的增加，烟株的农艺性状趋于优良，但是过高又反而会变差，呈现开口向下的抛物线趋势（李洪勋等，2008）。也有研究认为，施氮量超过一定的标准，农艺性状水平提高趋势变缓或不明显。在株形结构方面，烤烟随着施氮量的增加，团棵前期烟株的农艺性状无明显差异，但在现蕾期和打顶期烟株随施氮量增加，株高、茎围、叶面积逐渐增加（龙明锦等，2007）。红花大金元品种对氮肥的利用率较高，耐肥性较弱，适宜在中等肥力的地块种植。

六、烟叶采收成熟度

烟叶成熟度从烟草生产的角度来讲，是指烟叶成熟的程度（中国农业科学院烟草研究所，1987），即烟叶在田间所达到的成熟程度；而从烟叶分级的角度来讲，是指调制后烟叶的成熟程度。成熟度这一含义包含了田间鲜叶的成熟程度和调制后成熟程度的双层意义（于华堂等，1995；闫克玉等，2003）。在生产中不仅要重视调制后成熟程度，同时也应当重视提高鲜烟的田间成熟度，使得烟叶在田间达到高度成熟，将烟叶的调制和提高烟叶田间成熟度摆到同等重要的位置，是提高烟叶成熟度的关键（李晓等，2004）。生产实践证明，在品种和植烟环境相同、且田间烟株长势一致的情况下，采收成熟度好的烟叶，烘烤也较容易，烤后烟叶品质好、上等烟比例高、香味较好，因此田间采收成熟度是烟叶质量形成的基础（杨树勋等，2003）。影响烟叶成熟度的因素有很多，总的来说其客观前提是品种、生态条件、营养状况、栽培管理措施等（何嘉欧等，2006；王小东等，2007）。

成熟度是烟叶质量的核心要素，是烟叶生长发育和品质形成的综合表现（韩锦峰等，2003；徐玲等，2008）。烟叶采收成熟度是确定烤后烟叶形成最终产品的重要因素，也是烟叶质量的核心（朱尊权等，1994），充分成熟的烟叶不仅易于烘烤，烤后烟叶外观质量高，而且醇化效果好，香气量足，吃味好（李跃武等，2001）。蔡宪杰（2005）等根据初步建立的量化烟叶外观质量指标体系，定量分析了烟叶成熟度与烟叶外观质量、化学成分、物理性状、评吸品质的关系，明确了烟叶成熟度与烟叶质量的定量相关关系；定量得出了烟叶成熟度越好，烟叶质量越高的结论。

我国现行国家标准中将烟叶成熟度划分为完熟、成熟、尚熟、欠熟和假熟5个档次。成熟度是烟叶生产的核心，是影响烟叶质量，特别是香气量和香气浓度的重要因素，也是保证和提高烤后烟叶品质和外观质量的前提。刘百战等（1993）对我国不同成熟度的云南烤烟中的某些中性香味成分进行了分析，成熟度好的烟叶中香味成分的含量比成熟度较差的烟叶丰富。

Moseley（1963）研究发现随着烤烟烟叶成熟度的增加，烟碱含量增大，总糖、总氮、淀粉、糖碱比则相应减小。赵铭钦等（2008）研究了成熟度对中性致香物质含量的影响，结果表明烟叶中性香气成分总量的最大值出现在中部叶的适熟期和上部叶的过熟时期。

成熟度是烟叶质量的核心要素，与烟叶的色、香、味密切相关，是烟叶生长发育和品质形成的综合表现（韩锦峰等，2003；李晓等，2004；蔡宪杰等，2005；王小东等，2007；洪祖灿等，2010）。

　　从提高贵州毕节烟区红花大金元烟叶的经济性状来考虑，上部叶采收的适宜成熟度为烟叶变黄面积约为70％，主脉3/4变白，支脉2/3～3/4变白（舒中兵等，2009）；中部烟叶采收的适宜成熟度为烟叶变黄面积约50％，主脉2/3～3/4变白，支脉1/2～2/3变白（朱贵川等，2009）。南平烟区红花大金元上、中、下3个部位烟叶的化学成分分别以六七成黄、八九成黄、九十成黄采收最为协调，感官评吸结果与化学成分分析结果一致（谢利忠等，2009）。从烟叶综合品质分析可知，凉山烟区红花大金元不同部位烟叶采收的适宜成熟度外观表现不同：凉山烟区红花大金元品种下部叶叶面浅绿色，面积占全叶的50％～60％，主脉1/3～1/2变白，支脉约1/4变白时成熟度最好；中部叶叶面浅黄色，面积占全叶的70％～80％，主脉2/3以上变白，支脉1/2～2/3变白时成熟度最好；上部叶叶面黄色明显，面积占全叶的80％～90％，主脉基本变白，支脉2/3以上变白时成熟度最好（王全明等，2012）。刘健康等（2010）也研究了相似的内容，认为下部叶以叶面黄绿色，五六成黄，主脉变白1/3以上采收；中部叶以叶面浅黄色，七八成黄，主脉2/3以上变白采收；上部叶叶面基本全黄，九十成黄，有叶尖发白或焦尖现象，主脉全白采收。总体看来，一般以烟叶变黄面积、叶色、茎叶夹角以及主、支脉变白的程度作为判断红花大金元成熟采收的外观特征指标，随着红花大金元烟叶成熟度的提高，烟叶的变黄面积、落黄程度变大，主、支脉变白程度均提高（张丽英等，2012）。

　　朱贵川等（2009）研究表明，红花大金元的中部烟叶采收的适宜成熟度为变黄面积约50％，主脉2/3～3/4变白，支脉1/2～2/3变白，烤后烟叶橘黄烟率最高，杂烟率最低，均价和上等烟率最高。张亚婕等（2014）研究红花大金元在采收过程中其显微结构和亚显微结构的变化，从解剖学角度研究延迟采收对烟叶结构的影响和烟叶的适期采收时认为，其他品种可不同程度延迟采收，但红花大金元品种烟叶应提早采收。

　　红花大金元品种由于受成熟季节多雨、病害等影响，部分烟区采青现象时有发生，烤前晾置一段时间可降低烟叶含水量，让烟叶体内发生生化反应，相当于低温慢变黄的过程，利于烟叶后熟。吴俊龙等（2012）研究烤前不同晾置时间，对红花大金元烟叶产品质量的影响结果表明：随着晾置时间的增加，特别是在晾置 24h 以后，烟叶淀粉含量降低，烘烤时间减少。烤前晾置改善了烟叶的外观质量、化学成分和评吸质量，增加了烟叶的经济效益。此外，在采收方式上，汪健等（2010）在密集烘烤条件下对红花大金元上部叶进行研究表明，凉山烟区红花大金元上部烟叶的最佳采收方式是 5 片带茎采收。赵莉等（2013）的研究也得到类似结果，即带茎采收烘烤可有效改善烤后烟叶的外观性状，叶片结构比不带茎烘烤疏松，油分、色度都好于不带茎采收烘烤。

红花大金元烟叶，因其叶色橘黄，油分足，香气质好量足、杂气轻、吃味独特、余味舒适和香型风格特点突出等优良品质，受到卷烟工业的青睐，是生产中式卷烟的优质特色原料（陈用等，2004；王欣等，2008）。历史上"红花大金元"曾广泛种植，因红花大金元具有典型的清香型风格（徐兴阳等，2007），但不易烘烤、抗病性差导致其种植面积下降（张树堂，2007；苏家恩等，2008）。近年来由于其独特的质量特点，在卷烟配方中需求逐渐增大，而适宜的成熟度采收对该品种的烘烤和烤后烟叶质量有重要影响（张丽英等，2012）。

通过对红花大金元不同成熟度烤后烟叶品质的分析和评价，研究结果表明，下部叶尚熟处理、中部叶适熟处理、上部叶过熟处理采收，对于烟叶干物质含量、均价、中上等烟比例均有较好的影响，且可以有效地降低烤后烟叶的杂色率，说明烤烟的适时采收对于提升烟叶品质有重要影响（付继刚等，2010）。谢利忠等（2009）研究表明，不同采收成熟度处理间外观质量差异不显著；不同采收成熟度烟叶对于烤烟化学成分指标有重要影响，其中下部叶以成黄采收烟叶碳氮代谢比较平衡，化学成分相对最协调；中部叶以成黄采收化学成分指标最为协调；上部叶以成黄采收化学成分最为协调；感官评吸的结果与化学成分结果一致。杨天沛等（2012）研究表明，随烟叶采收成熟度的提高，各处理总氮、烟碱、蛋白质等指标含量逐渐下降；而石油醚提取物、总糖、还原糖等指标含量呈先增加后减少的趋势，烤后烟叶评吸总分呈现相同的变化规律。综合各处理烤后烟叶化学成分和评吸结果表现来看，采收成熟度以下部叶处理、中部叶处理、上部叶处理进行采收，其烤后烟叶的化学成分协调性和评吸质量表现最佳。翟兴等（2011）研究表明：随烟叶采收成熟度的增加，烟叶评吸质量总分逐渐增大，以各部位均以适熟烟叶得分最高，随后得分下降。采收成熟度对烟叶香气质、香气量、吃味、杂气、刺激性指标有较大影响，而对烟叶劲头、燃烧性、灰色等指标的影响不明显。

七、烟叶烘烤特性

自 20 世纪 50 年代末以来，我国开始推广使用烤烟用干湿球温度计，推广采用高温快烤的调制工艺。20 世纪 80 年代后，随着我国烟叶生产技术的持续提升，烟叶生产开始向质量效益转型，通过适宜的栽培措施来提高鲜烟叶质量，在这个转型中，我国的烟叶生产先后出现五段式烘烤工艺、七段式烘烤工艺和双低烘烤工艺等（孙福山等，2010；岳伦勇等，2013；钟剑等，2013）。20 世纪 90 年代，烤烟的三段式烘烤工艺（杨树申等，1995；宫长荣等，2006）是我国烤烟烘烤技术的一项重大创新成果，是在总结发扬中国烟叶传统烘烤工艺的基础上，结合国外烤烟烟叶烘烤工艺的精华，进行严密科学研究和生产示范后，进一步提炼出的一套简明实用、先进可靠的烟叶烘烤工艺。至今三段式烘烤一直广泛应用于我国各主要烟叶产区。随着密集烤房的不断进步发展，相应的烟叶烘烤的配套工艺不断完善成熟，同时也成为红花大金元品种烟叶烘烤工艺的基础。

随着对红花大金元品种需求的增加，对其烘烤质量要求也不断提高，较多的专家及学者在三段式烘烤工艺的基础上研究该品种烟叶烘烤的配套工艺，使其不断完善成熟。陈用等（2004）研究认为，红花大金元品种烟叶烘烤原则是"两停一烤、三表一计、三看三定、三严三灵活"。两停一烤是指下部烟叶烘烤完毕停 5~7d 即可采中部叶，待中部叶烘烤完毕停 10~15d 即可采上部叶，顶部 4~6 片待充分成熟后可一次性带茎坎烤或采烤；三表是指钟表、记载表和烘烤操作技术图表，一计即为干湿球温度计；三看三定是指看烟叶的变化定温湿度高低，看温度高低定火力大小，看湿度高低定天地窗开闭大小；三严三灵活为各阶段烟叶变化（变黄、失水干燥）程度要严，所需时间长短要灵活，各阶段湿球温度控制要严且稳定，天地窗开闭要灵活，各阶段温度高低控制要严，烧火大小要灵活。

在三段式烘烤控温稳温方面：李向东等（2003）研究得出，红花大金元烘烤的起火温度以 28℃为最佳，然后逐渐由 28℃上升到 34℃，这一阶段大概需要 36～48h，干球和湿球的温度差保持在 1～1.5℃比较适宜；到达变色中期后保持温度稳速升高，温度的升高每小时保持在 0.5～1℃，干球和湿球的温度差必须低于 3℃；在烟叶的变色后期，炉火的温度控制在 40℃左右，干球和湿球的温度差保持在 4～5℃，升高温度，降低湿度，便于烟叶的烟筋变黄；而在定色阶段，升温速度每小时在 0.5℃左右，慢慢把温度升高到 40～55℃，干球和湿球的温差大于 7℃，升温速度过快会导致烟叶的组织僵硬，烟叶组织紧实，出现光滑烟，同时烟叶容易出现挂灰、黑脆烤枯等烤坏情况；干筋阶段烟叶的烘烤温度应低于 65℃，避免烟叶出现烤红现象。韩智强等（2014）在现有烘烤工艺上改进，形成更适合红花大金元品种的烟叶烘烤技术，更利于化学物质的转化、酶的活动，烟叶提质增效显著，具体为烘烤总时间下部烟从 168h 缩短为 156h，中部烟从 180h 缩短为 168h，上部烟从 178h 缩短为 170h。烘烤温度调整为变黄期烘烤温度由 27～29℃提高到 31～32℃，凋萎期温度由 38～39℃提高到 40～41℃，干叶期温度由 43～45℃提高到 47～49℃，叶筋期温度由 63～65℃提高到 66～67℃。王松峰等（2012）在四川凉山研究得出，以中部的烟叶为例，装烟后应小火升温使温度尽快升至 30℃，然后以 1℃/h 的速度，让干球温度达到 35℃，稳定温度一段时间使烟叶的叶尖叶缘充分变黄，然后再以 1℃/h 的速度把干球温度升到 38℃，同时湿球温度升到 36℃，使干球和湿球的温度相差 2℃，保持温度不变一直到烟叶变黄至 7～8 成，叶片开始变软；然后再以 1℃/h 的速度把温度升高到 42℃，湿球的温度保持在 36～38℃，保持这样的温度至烟叶变黄程度达 9～10 成，烟叶主脉变软。陈用等（2004）研究表明：相比于低温优化工艺，应将定色阶段的湿球温度提高 1℃，同时变黄阶段干球和湿球的温度差调整为 2℃，烤后烟叶的综合质量最佳。另外，在烘烤的过程中应低温慢变黄，延长小火变黄的时间，慢升温，定色阶段湿度应稍增加，干筋阶段的温度应控制在 65℃以内，可延长烟叶的烘烤时间，使烟叶质量有显著的提升。

温度点及稳温时间是烟叶烘烤变黄期和定色中前期的关键技术点，一直也是烟草烘烤专家研究的重点。针对红花大金元易脱水、难变黄、定色难的烘烤特性，李向东等（2003）研究了红花大金元烟叶低温延时烘烤技术，认为红花大金元品种成熟时烟叶叶片较厚，叶脉较粗，烘烤时变色较慢，失水较快，因而起火温度比其他品种低 2℃，变色时间较其他品种相对延长。王伟宁等（2013）总结出，红花大金元以慢速升温定色烤后烟叶质量最好，烘烤过程中在变黄后期干球温度 42℃时需配合 37℃左右的湿度条件，干球温度 54℃时需配合 39℃的湿度条件；保证烟叶在 42℃完成凋萎，在 54℃合成更多的香气物质；烟叶在定色阶段从 42～46℃升温速率保持在 0.5℃/h 左右，从 46～55℃升温速率应保持在每 3 小时 1℃左右，烤后烟叶外观质量、内在化学成分、香气物质含量及烟叶感官评吸综合质量较佳。通过对定色期不同升温速率，对烤烟品种红花大金元烟叶品质及产值的影响研究结论认为，在红花大金元的烘烤过程中，经定色期干球温度以每 2 小时 1℃速率升至 46℃，再以每 3 小时 1℃速率升至 55℃处理后的烟叶的经济性状、外观质量表现好，油分较多，主要化学成分比例和协调性最好。王全明（2012）研究认为，在凉山地区采用中温中湿烘烤工艺烘烤红花大金元品种其品质最佳，为最佳工艺。

红花大金元具有变黄速度比较慢，而失水速度较快的烘烤特性，所以在烟叶生产中经常烤出青筋烟、青黄烟，对比很多学者不断探讨其在烘烤过程中的适宜温湿度。有研究显示，在烘烤过程中红花大金元的叶绿素降解速度比较慢，变黄阶段速度比较慢，而且需要的时间比较长，在一般情况下变黄阶段需要 52～64h，每小时的平均降解速度为 1.65%～1.75%，而在烘烤 48h 之后降解速度大约为 80%，但是在变黄阶段烟叶的失水比较快，平均每小时失水速度在 0.4%以上，烘烤 48h 以后整片烟叶的失水达到 20%以上，而定色阶段烟叶的失水又较慢，烟叶的失水程度在变黄阶段和定色阶段的不协调，会使烟叶不容易烘烤（张树堂等，1997；张树堂等，2000）。

红花大金元品种烟叶的烘烤特性：变黄期失水快、变黄慢，定色期失水慢、定色难，变黄、定色不协调，易烤枯、烤青、烤杂。烘烤时按"保湿增温促变黄、及时排湿巧定色、稳温延时促黄筋"原则烘烤。

第三章

红花大金元品种烟叶品质及风格特征

一、外观质量特征

外观质量即烟叶外在的特征特性，通过眼看手摸能够直接感触和识别的外部特点，是人们感官可以做出判断的质量方面特征，在一定程度上可反映出烟叶质量优劣，是烟叶分级的主要依据。与烤烟烟叶内在质量密切相关的外观因素有部位、颜色、成熟度、叶片结构、身份、油分、色度、叶片长度和残伤等（程占省等，2001；蔡宪杰等，2004）。除了叶片长度和残伤为定量描述外，其他指标多为定性描述，所以选择进行量化的指标为颜色、成熟度、叶片结构、身份、油分、色度等（于川芳等，2005）。

红花大金元品种原烟呈橘黄色、柠檬黄色，油分多，光泽强，富弹性，身份适中，叶片结构疏松、油分充足，是红花大金元品种烟叶的外观质量特色。由于红花大金元品种烟叶较难烘烤，初烤烟叶支脉含青相对较为明显，但经复烤及醇化2～3个月后可以变黄，且不影响烟叶感官质量。烤后烟叶金黄色、柠檬黄色，油分多，光泽强，富弹性，身份适中，主筋比29.11％。

2006—2007年，笔者在云南省昆明市、曲靖市、保山市三大生态类型烟区选择了种植3个主栽品种红花大金元、K326、云烟87的400个观测点，定部位逐叶挂牌取样，每个点挂50株烟，组织经验丰富且有资质的10名烟叶分级技师，对烟样用双盲法编号，根据《烤烟》（GB 2635—92）标准统一评价要求，采用《云南中烟工业公司美引品种烟叶外观质量测评表》进行量化打分评价。结果表明：与 K326 和云烟 87 相比，红花大金元品种烟叶的颜色、色度、残伤 3 项指标得分稍低，但红花大金元烟叶成熟度好，结构疏松，身份适中，油分充足，弹性好，尤其在叶片结构和油分指标方面得分明显高于 K326 和云烟 87 品种。叶片结构疏松、油分充足这两点是红花大金元品种烟叶的外观质量特色，而且红花大金元烟叶经复烤并存储 2～3 个月后，其青筋几乎全部变黄。因此，红花大金元品种烟叶外观质量总分低于 K326，主要是因其青筋黄片较多导致的，这个外观因素严重影响红花大金元烟叶的均价，进而导致烟农收入减少，但不影响卷烟工业企业对红花大金元烟叶的使用价值，所以卷烟工业企业对红花大金元烟叶仍然偏爱（表 3-1、表 3-2）。

表 3-1　红花大金元与 K326、云烟 87 品种烟叶外观质量比较

品种	颜色	成熟度	叶片结构	身份	油分	色度	长度	残伤	总分
红花大金元	6.5	14	14.8	13.5	18.5	16.5	5	1.5	90.3
K326	7.5	14	13.5	13.3	17	19	5	1.8	91.1
云烟 87	7.1	13.5	12.8	13	16	17.5	5	2	86.9

表 3-2　云南不同烟区红花大金元烟叶外观质量比较

市	县（区）	颜色	成熟度	叶片结构	身份	油分	色度	长度	残伤	总分
	安宁	6.5	14.0	15.0	14.8	19.0	18.0	5.0	1.5	93.8
	富民	6.5	13.7	15.0	14.8	18.2	17.5	5.0	1.5	92.2
	官渡	6.3	13.5	14.5	14.8	18.0	17.0	5.0	1.5	90.6
	晋宁	6.5	13.8	14.6	14.8	18.4	17.5	5.0	1.5	92.1
	禄劝	6.5	13.6	14.5	14.8	18.6	17.5	5.0	1.5	92.0
昆明	石林	6.8	14.1	15.0	14.8	19.0	18.0	5.0	1.5	94.2
	嵩明	6.3	13.5	14.4	14.6	18.2	17.2	5.0	1.5	90.7
	西山	6.5	13.6	14.6	14.8	18.4	17.4	5.0	1.5	91.8
	寻甸	6.4	13.5	14.4	14.7	18.2	17.4	5.0	1.5	91.1
	宜良	6.6	14.2	15.0	15.0	19.0	18.0	5.0	1.5	94.3
	平均	6.5	13.8	14.7	14.8	18.5	17.6	5.0	1.5	92.3

(续)

市	县（区）	颜色	成熟度	叶片结构	身份	油分	色度	长度	残伤	总分
曲靖	会泽	6.3	13.2	14.0	14.2	17.8	17.2	5.0	1.5	89.2
	陆良	6.5	13.5	14.0	14.4	18.5	17.8	5.0	1.5	91.2
	马龙	6.5	13.4	14.6	14.2	18.4	17.4	5.0	1.5	91.0
	麒麟	6.5	13.4	14.4	14.4	18.4	17.4	5.0	1.5	91.0
	宣威	6.3	13.3	14.4	14.2	17.8	17.2	5.0	1.5	89.7
	沾益	6.3	13.2	14.4	14.2	17.8	17.2	5.0	1.5	89.6
	平均	6.4	13.3	14.3	14.3	18.1	17.4	5.0	1.5	90.3
保山	昌宁	6.6	13.8	15.0	14.8	18.8	18.5	5.0	1.5	94.0
	隆阳	6.6	13.8	15.0	14.8	19.0	19.0	5.0	1.5	94.7
	施甸	6.6	14.0	15.0	14.6	19.0	18.4	5.0	1.5	94.1
	腾冲	6.7	14.6	15.0	14.8	19.0	18.4	5.0	1.5	95.0
	龙陵	6.6	13.9	15.0	14.8	19.0	18.4	5.0	1.5	94.2
	平均	6.6	14.1	15.0	14.8	19.0	18.6	5.0	1.5	94.4

根据对红花大金元品种不同种植区域内，颜色、成熟度、叶片结构、身份、油分、色度、长度、残伤以及外观总分等外观质量的分析，在Ⅰ、Ⅱ、Ⅲ三个生态类型区域中，昆明、曲靖、保山的红花大金元烟叶在成熟度、叶片结构、油分、色度等外观质量方面有明显的区别。其中，保山的红花大金元烟叶外观质量最好，得分 94.4 分；昆明的红花大金元烟叶外观质量较好，得分 92.3 分；曲靖的红花大金元烟叶外观质量稍差，得分 90.3 分。

二、物理特性

烟叶的物理特性是反映烟叶品质与加工性能的重要参数，它不但与烟叶的类型、品种、等级和质量相关，而且与卷烟配方设计、烟叶加工和贮存工艺有着极其密切的关系，因而直接影响烟叶品质和卷烟制造过程中的产品风格、成本及其他经济指标（周冀衡等，1996；闫克玉等，2001；尹启生等，2003）。烟叶的物理特性主要包括叶片厚度、叶面密度、含梗率、填充性、弹性、吸湿性等，是烟叶质量的重要组成部分。

2006年，中国烟叶公司发布的《中国烟叶质量白皮书》对2003年以来我国主产烟区烟叶物理特性的总体状况、变化趋势以及各产区详细情况进行了细致分析，并与国外烟叶进行了比较，发现我国烟叶物理特性与津巴布韦和巴西烟叶尚存在一定差异，但这种差异正在缩小。一般认为，国外优质烤烟叶片长度在55～70cm之间，叶片宽度大于24cm；叶片厚度下部叶为80～100μm，中部叶100～120μm，上部叶120～140μm。依据此标准，优质烟叶的长宽比至少应达到0.34～0.44；平均厚度在100～120μm之间较为适宜。国外优质烟叶含梗率下部叶在30％～32％，中部叶在27％～30％，上部叶25％～26％之间，平均含梗率在27％～29％之间。单叶重一般以下部叶6～8g，中部叶7～9g，上部叶9～12g，平均单叶重为7～10g为宜。单位叶面积质量下部叶在60～70g/m²，中部叶在70～80g/m²，上部叶80～90g/m²之间，平均值在70～80g/m²之间。

由表3-3可见，红花大金元上部叶（B2F）叶片厚度平均值在0.151～0.196mm之间，平均含水量在12.75％～13.99％之间，含梗率在27.9％～28.77％之间，叶片密度在86.01～107.6g/m²之间，填充值在3.33～3.93cm²/g之间，抗张强度在0.145～0.161kN/m²之间；中部叶（C3F）叶片厚度平均值在0.137～0.189mm之间，平均含水量在13％～14.34％之间，含梗率在25.81％～30.84％之间，叶片密度在64.23～103g/m²之间，填充值在3.22～3.68cm²/g之间，抗张强度在0.141～0.163kN/m²之间；下部叶（X2F）叶片厚度平均值在0.131～0.152mm之间，平均含水量在12.73％～13.28％之间，含梗率在30.25％～30.86％之间，叶片密度在71.19～71.3g/m²之间，填充值在3.68～3.98cm²/g之间，抗张强度在0.132～0.136kN/m²之间。不同区域相比较，上部烟叶昆明和曲靖烟区各物理特性指标均表现出较好的稳定性，其次是保山和红河地区，而大理烟区变动区间较大，可能与当地的立体气候多样性有关，使得各小区域特色较为明显。中部烟叶与上部烟叶表现一致。下部烟叶由于受取样制约，只对昆明和曲靖烟区进行了分析，结果表明，与上部烟叶一致的是昆明地区的烟叶各物理特性指标极值范围略窄于曲靖烟区，体现了该地区生产水平的稳定及均衡性（杨虹琦等，2008；王娟等，2013）。

表3-3 云南不同烟区红花大金元物理特性比较

等级	烟区	指标	叶片厚度 （mm）	平均含水量 （%）	含梗率 （%）	叶片密度 （g/m²）	填充值 （cm²/g）	抗张强度 （kN/m²）
B2F	保山	中位数	0.189	12.75	27.9	107.6	3.69	0.161
		下限	0.166	12.16	26.41	92.97	3.62	0.152
		上限	0.202	13.58	30.18	112.8	4.19	0.201
	大理	中位数	0.153	13.99	28.04	86.01	3.33	0.152
		下限	0.126	14.21	26.55	71.89	2.85	0.133
		上限	0.172	15.99	31.28	93.06	3.57	0.174
	红河	中位数	0.196	13.17	28.69	101.9	3.93	0.145
		下限	0.182	12.67	27.18	90.84	3.61	0.14
		上限	0.218	14.08	30.95	107.7	4.18	0.173
	昆明	中位数	0.168	13.57	28.68	94.73	3.93	0.157
		下限	0.16	13.23	28.54	90.98	3.31	0.152
		上限	0.174	13.77	29.99	97.49	3.53	0.164
	曲靖	中位数	0.151	13.41	28.77	89.98	3.52	0.153
		下限	0.142	12.96	27.85	86.94	3.31	0.151
		上限	0.158	13.59	29.55	94.71	3.57	0.166
C3F	保山	中位数	0.14	13.23	30.27	64.23	3.68	0.149
		下限	0.118	12.49	28.94	57.41	3.39	0.13
		上限	0.148	13.77	32.21	75.68	3.95	0.166
	大理	中位数	0.142	14.34	29.78	81.58	3.22	0.141
		下限	0.121	14.47	27	72.39	2.78	0.118
		上限	0.159	16.1	31.17	91.77	3.49	0.156
	红河	中位数	0.189	13	25.81	103	3.56	0.163
		下限	0.175	12.35	26.18	88.12	3.46	0.139
		上限	0.211	13.89	30.11	106.4	4.13	0.174
	昆明	中位数	0.142	14.31	30.84	76.05	3.22	0.157
		下限	0.136	14.02	30.37	74.94	3.18	0.15
		上限	0.147	14.49	31.57	80.57	3.39	0.161
	曲靖	中位数	0.137	13.57	29.63	77.47	3.51	0.142
		下限	0.13	13.03	28.85	75.23	3.42	0.137
		上限	0.145	13.66	30.47	82.83	3.7	0.152

（续）

等级	烟区	指标	叶片厚度 （mm）	平均含水量 （%）	含梗率 （%）	叶片密度 （g/m²）	填充值 （cm²/g）	抗张强度 （kN/m²）
X2F	昆明	中位数	0.131	13.28	30.25	71.19	3.68	0.136
		下限	0.115	12.51	28.26	62.39	3.22	0.12
		上限	0.15	13.76	31.85	79.81	4.03	0.15
	曲靖	中位数	0.152	12.73	30.86	71.3	3.98	0.132
		下限	0.113	11.52	26.84	58.06	3.24	0.116
		上限	0.17	13.55	32.71	86.5	4.56	0.164

三、化学品质特征

化学成分是指烟叶内所含的各种有机物和无机物的含量高低及其之间的比例关系。观质烟叶主要化学成分是烟叶品质鉴定的重要指标，是外观质量和内在质量在外观特征和烟气特征上的表现。烟草化学成分复杂，已鉴定出的化学成分有数千种。主要化学成分考核指标包括水溶性总糖、还原糖、烟碱、总氮、淀粉、钾和氯等，还包括某些主要指标间相互协调的比值，如糖碱比、氮碱比、钾氯比等。烟叶内在化学成分及协调性是用来评价烤烟品质的指标之一，化学成分协调的烟叶评析质量也较好。

红花大金元品种烟叶化学成分含量总体适中（表 3 - 4），比例较协调。总糖 26.02%～31.93%，还原糖 20.88%～26.76%，总氮 1.71%～2.01%，烟碱 1.92%～2.61%，蛋白质 9.19%～11.00%，施木克值 2.37～3.47，氮/碱 1.13，糖/碱 9～12（雷永和等，1999）。

2007—2008 年，笔者在云南省昆明市、曲靖市、保山市三大生态类型烟区采集红花大金元、K326 和云烟 87 等 3 个主栽品种的 568 个代表性烟样（B2F、C3F 各 284 个），进行烟叶的总氮、总糖、还原糖、烟碱、淀粉、石油醚提取物、氯离子及烟叶钾含量等化学成分分析（表 3 - 4），结果表明：红花大金元烟叶总氮和烟碱含量比 K326 和云烟 87 稍低，而总糖、还原糖、石油醚提取物含量高。因此，烟碱低、糖和石油醚提取物含量高是红花大金元品种烟叶的内在化学成分特色。

表 3-4　红花大金元与 K326、云烟 87 品种烟叶化学成分含量比较（%）

品种	总氮	烟碱	总糖	还原糖	淀粉	石油醚提取物	烟叶钾（K_2O）	烟叶氯
红花大金元	2.12	2.27	27.91	23.79	3.15	6.36	2.38	0.3
K326	2.4	2.46	25.48	22.11	3.93	5.96	2.29	0.24
云烟 87	2.35	2.5	25.34	21.02	4.46	5.42	2.15	0.21

由表 3-5 可知，云南省昆明市、曲靖市、保山市三大生态区的红花大金元烟叶内在化学成分有明显的区别。为进一步对三大生态类型区内的烟叶品质进行分析，更科学地表征各个生态区域的烟叶内在化学成分特征，笔者以云南中烟工业公司企业标准《优质烤烟内在化学成分指标要求》（Q/YZY 1—2009）中的规定为依据（表 3-6），对各个区域内在化学成分的符合度进行分析，分析结果见表 3-7。

表 3-5　云南不同烟区红花大金元烟叶内在化学成分比较（%）

市	县	总氮	烟碱	总糖	还原糖	K_2O	氯	氮碱比	两糖差
昆明	安宁	2.16	3.28	25.56	22.49	2.03	0.28	0.66	3.07
	富民	2.11	2.71	26.01	22.52	1.86	0.12	0.78	3.49
	官渡	2.19	2.93	27.55	23.60	2.28	0.33	0.75	3.95
	晋宁	2.10	2.83	27.79	24.30	1.99	0.20	0.74	3.49
	禄劝	2.19	3.05	26.45	23.34	2.31	0.30	0.72	3.11
	石林	1.94	2.53	26.45	23.35	2.00	0.29	0.77	3.10
	嵩明	2.08	2.79	25.07	21.65	2.21	0.26	0.75	3.42
	西山	2.22	3.04	26.34	22.39	2.35	0.27	0.73	3.95
	寻甸	2.03	2.77	27.24	23.61	2.29	0.37	0.73	3.63
	宜良	2.13	3.31	25.07	22.22	1.99	0.28	0.64	2.85
	平均	2.12	2.92	26.35	22.95	2.13	0.27	0.73	3.41
曲靖	会泽	1.98	3.04	27.84	22.85	1.84	0.17	0.65	4.99
	陆良	2.19	2.79	28.65	24.23	2.01	0.29	0.78	4.42
	马龙	1.95	2.80	29.69	25.21	2.04	0.39	0.70	4.48
	麒麟	2.27	3.07	29.14	24.54	2.21	0.35	0.74	4.60
	宣威	2.02	3.02	28.17	23.21	2.14	0.33	0.67	4.96
	沾益	2.02	2.90	28.00	22.88	1.91	0.26	0.70	5.12
	平均	2.07	2.94	28.58	23.82	2.05	0.30	0.71	4.76

（续）

市	县	总氮	烟碱	总糖	还原糖	K₂O	氯	氮碱比	两糖差
保山	昌宁	1.98	3.25	25.32	23.26	2.35	0.26	0.61	2.06
	隆阳	2.04	2.98	25.05	21.37	2.32	0.24	0.68	3.68
	施甸	2.04	3.32	24.89	20.90	1.92	0.24	0.61	3.99
	腾冲	2.17	3.76	24.23	21.26	1.93	0.12	0.58	2.97
	龙陵	2.08	3.34	24.91	21.46	1.96	0.18	0.62	3.45
	平均	2.06	3.33	24.87	21.65	2.10	0.21	0.62	3.23

表3-6　云南中烟工业公司优质烤烟内在化学成分指标要求（％）

部位	指标							
	K	Cl	烟碱	总糖	还原糖	总氮	氮碱比	糖差
上部	>1.6		2.6~3.6	24~31	21~26	2.0~2.6	0.6~0.8	≤4
中部	>1.7	<0.60	2.0~3.0	24~33	20~29	1.8~2.4	0.7~1.0	≤5
下部	>1.8		1.5~2.1	28~32	24~28	1.6~2.0	0.9~1.1	≤4

表3-7　红花大金元烟叶内在化学成分与优质烟叶标准的符合度比较（％）

市	县	总氮	烟碱	总糖	还原糖	氯	烟叶钾	氮碱比	两糖差
昆明	安宁	94.31	91.34	91.45	96.43	94.25	94.43	94.08	91.25
	富民	95.56	96.45	94.32	97.32	95.43	95.76	94.28	92.47
	官渡	96.89	98.98	96.76	94.27	96.65	93.87	95.37	92.48
	晋宁	92.45	91.76	93.24	96.53	93.73	93.29	96.84	91.94
	禄劝	97.32	95.08	92.76	94.73	97.54	94.73	93.86	90.16
	石林	98.12	94.65	93.87	94.43	93.48	95.29	92.86	91.27
	嵩明	95.85	93.13	95.16	96.54	96.64	96.29	94.17	90.73
	西山	95.84	95.39	96.14	92.18	92.47	93.86	94.26	90.78
	寻甸	94.24	93.76	93.22	95.17	92.17	93.94	94.64	91.35
	宜良	97.38	92.61	94.16	94.63	92.64	95.38	91.93	94.27
	平均	95.80	94.32	94.11	95.22	95.02	94.68	94.23	91.67

（续）

市	县	总氮	烟碱	总糖	还原糖	氯	烟叶钾	氮碱比	两糖差
曲靖	会泽	94.74	95.39	93.15	93.56	93.14	93.16	93.05	91.4
	陆良	92.57	93.56	92.73	92.16	92.54	94.26	92.54	90.28
	马龙	90.45	92.46	91.31	92.18	91.83	94.95	91.45	89.01
	麒麟	91.16	91.26	90.09	94.25	92.86	92.18	93.18	93.28
	宣威	92.47	92.03	92.4	92.38	91.16	93.48	89.55	91.06
	沾益	91.26	93.16	93.14	92.74	92.28	93.64	92.16	90.17
	平均	92.11	92.98	92.14	92.88	92.30	93.61	91.99	90.87
保山	昌宁	93.28	89.23	95.5	90.14	90.17	90.18	91.03	90.37
	隆阳	93.18	92.32	94.28	92.84	93.18	92.4	92.79	91.37
	施甸	94.83	91.35	91.47	91.28	92.43	90.73	91.78	92.18
	腾冲	91.37	91.13	93.28	91.48	91.57	91.73	92.45	94.17
	龙陵	94.27	91.26	91.34	92.37	91.84	94.83	87.64	90.74
	平均	93.39	91.06	93.17	92.02	91.84	91.97	91.14	91.77

由表 3-5 可见，昆明市、曲靖市、保山市三大生态区的红花大金元烟叶内在化学成分指标的平均含量有明显差别。其中昆明生态区的烟叶总糖和烟碱平均含量分别为 26.35% 和 2.92%，属于中糖、中碱区；曲靖生态区的烟叶总糖和烟碱平均含量分别为 28.58% 和 2.94%，属于高糖、中碱区；保山生态区的烟叶总糖和烟碱平均含量分别为 24.87% 和 3.33%，属于低糖、高碱区。而且昆明、曲靖、保山三大生态区烟叶 8 项内在化学成分指标与中烟公司标准的平均符合度分别为 94.38%，92.36% 和 92.05%，也有一定的差别。因此，笔者将云南昆明、曲靖、保山三大生态区内生产的红花大金元烟叶内在化学成分划分为三大品质类型区域，以便配方上对红花大金元烟叶优料优用。三大品质类型区的红花大金元烟叶内在化学成分分类定性特征描述见表 3-8。

表 3-8　云南不同烟区红花大金元烟叶内在化学成分定性描述

区域	总氮	烟碱	总糖	还原糖	烟叶钾	烟叶氯	氮碱比	两糖差
昆明	适中	适中	适中	适中	较高	较低	适中	较小
曲靖	适中	适中	较高	适中	较高	较低	适中	较大
保山	适中	较高	较低	较低	较高	较低	适中	较小

四、感官质量特征

烟叶感官质量是卷烟产品质量的重要组成部分，是产品质量的基础和核心。广义的感官质量是指烟支在燃吸过程中产生的主流烟气对人体感官产生的综合感受，如香气的质和量、口感的舒适程度等；此外还包括一些代表产品风格特征的因素，如香气类型和风格、烟气浓度和劲头大小等。

香气：卷烟烟气具有的芳香气息是衡量卷烟品质的主要指标。香气有质和量的双重含义，香气质是指香气的优劣程度和细腻程度；香气量则包含香气的丰满程度和透发程度。

谐调：指卷烟各组分吸燃过程中产生的烟气混合均匀、谐调一致，不显露任何单体气息。谐调是卷烟感官质量的基础，谐调程度不好，其他质量指标也难以达到要求。

杂气：指烟气中令人不愉快的气息。杂气和香气同属烟气中有气味的气息，从某种意义上讲都属于香气，其本质的差别在于其香气质。烟气中的杂气主要源于烟叶。烟气中常见的杂气有：青草气、枯焦气、土腥气、松脂气、花粉气等。不同生态条件下种植的烟叶具有不同的特征香气，同时也有不同特征的杂气，又称地方性杂气。

刺激：指烟气对人体感官产生的不良刺激。吸烟过程中，烟气是通过口腔、喉部进入肺部再由鼻腔呼出，烟气对所经过的器官都有可能产生不良刺激，因此刺激有刺口腔、刺喉部、刺鼻腔之分；刺激的种类有尖刺和刺呛。

余味：指烟气呼出后遗留下的味觉感受，包括干净程度和舒适程度。干净程度指烟气呼出后口腔里残留的感觉；舒适程度指烟气的细腻程度和干燥感。

风格特征指标包括香型、香韵、香气状态、烟气浓度和劲头。其中香型分为清香型、中间香型和浓香型；香韵分为干草香、清甜香、正甜香、焦甜香、青香、木香、豆香、坚果香、焦香、辛香、果香、药草香、花香、树脂香和酒香；香气状态分为沉溢、悬浮和飘逸。

品质特征指标包括香气特性、烟气特性和口感特性。香气特性指标包括香气质、香气量、透发性和杂气，其中杂气指标分为青杂气、生杂气、枯焦气、木质气、土腥气、松脂气、花粉气、药草气、金属气。烟气特性指标包括细腻程度、柔和程度和圆润感。口感特性指标包括刺激性、干燥感和余味。

总体评价包括风格特征描述和品质特征描述两部分。风格特征描述包括香韵组成、香型定位、香气状态、烟气浓度及劲头的综合描述；品质特征描述包括香气特性、烟气特性及口感特性的综合描述。

2007—2009 年，笔者通过对红花大金元品种烟叶感官质量评价研究，认为与其他品种相比，红花大金元品种烟叶的感官质量特色为：红花大金元品种烟叶以清香、清甜香为主，略带果香、花香，香气质好，优雅、细腻、柔和，香气量中等偏强，甜润突出，绵延性好，刺激性小，余味舒适干净，烟草本香与清甜香特征配合较好，底韵与体香厚实。香气质细腻、柔和、优雅，是红花大金元品种烟叶的感官评吸质量特色。评吸清香型风格突出，香气质好，香气细腻幽雅，香气量尚足，浓度中等，杂气有，劲头适中，燃烧性强，灰色白。其中，各部位烟叶的评吸结果如下：

红花大金元上部烟叶：香气质较好，丰富性较好，透发性较好，香气量足，细腻较好，甜度较好，绵延性较好，成团性较好，柔和性较好，浓度较浓，杂气有至略有，刺激有，余味较适较净，劲头中。香气特征以清香、清甜、焦甜香为主，略带焦香、果香，香气特征显露程度较强，烟草本香与特征香配合较好，底韵与体香厚实。

红花大金元中部烟叶：香气质好，丰富性好，透发性好，香气量较足，细腻好，甜度好，绵延性较好，成团性较好，柔和性好，浓度尚浓至较浓，杂气有至略有，刺激有至略有，余味较净较适，劲头中。香气特征以清香、清甜香为主，略带果香、花香，香气特征显露程度较强，烟草本香与特征香配合较好，底韵与体香厚实。

红花大金元下部烟叶：香气质尚好，丰富性尚好，透发性尚好，香气量尚足，细腻尚好至较好，甜度尚好至较好，绵延性尚好，成团性尚好，柔和性较好，浓度尚浓，杂气有，刺激略有，余味尚净尚适，劲头中偏低。香气特征以清甜为主，略带清香、花香，香气特征显露程度中等，烟草本香有，与特征香配合较好，底韵略偏薄。

由表 3—9 可见，在云南昆明市、曲靖市、保山市三大生态类型区域中，红花大金元品种烟叶的感官质量有较大的区别，红花大金元品种烟叶感官质量的地域性特征表现较为明显。因此，笔者根据评吸结果将云南昆明、曲靖、保山三大生态类型区域的红花大金元烟叶的感官品质划分为三大品质类型区域，三大品质类型烟叶的感官质量分类定性特征描述于表 3 - 10。

表 3 - 9　云南不同烟区红花大金元烟叶感官评吸得分比较

感官质量		昆明生态区	曲靖生态区	保山生态区
香气量	范围	13.38 - 14.46	13.5 - 14.07	13.71 - 14.27
	平均值	14.11	13.83	14.48
香气质	范围	54.6 - 57.97	54.56 - 56.79	55.50 - 56.15
	平均值	56.82	55.76	55.76
杂气	范围	19.5 - 21.05	19.44 - 20.71	20.08 - 20.92
	平均值	20.51	20.03	20.28
口感	范围	13.13 - 14.15	13.15 - 13.79	13.43 - 14.08
	平均值	14.09	13.45	13.85
劲头	范围	6.47 - 7.04	6.40 - 7.08	6.50 - 6.75
	平均值	6.73	6.70	6.75
总分	范围	109.5 - 114.93	107.05 - 112.44	109.32 - 112.25
	平均值	112.26	109.75	110.88

表 3 - 10　云南不同烟区红花大金元烟叶感官质量分类特征定性描述

品质类型区域	香气质	香气量	口感特性	杂气
昆明	细腻、愉悦，甜润较明显，成团性好	香气量较足，较透发，浓度较浓至浓	刺激略有，余味干净舒适	微有
曲靖	细腻、较愉悦，甜润较明显，成团性尚好	香气量尚足，尚透发，浓度尚浓至较浓	刺激略有，余味较干净舒适	有
保山	较细腻、较愉悦，甜润较明显，成团性较好	香气量足，透发，浓度较浓至浓	刺激略有、余味干净舒适	略有

　　与 K326、云烟 87 品种相比较，红花大金元品种烟叶感官评吸质量总分最高，尤其是香气质、杂气、口感 3 项作为高端卷烟原料最关注的指标，红花大金元品种烟叶的评吸得分都高于 K326、云烟 87 品种烟叶。红

花大金元品种烟叶香气质独特，现在国内还没有一个品种在香气质细腻、柔和、优雅方面超过红花大金元。因此，这些是红花大金元品种烟叶的感官评吸质量特色（表3-11）。

表3-11　红花大金元与K326、云烟87品种烟叶的感官评吸得分比较

品种	杂气	劲头	香气量	香气质	口感	评吸总分（不含劲头）
红花大金元	6.8	6.6	14.5	57.5	14.6	93.4
K326	6.6	6.4	14.6	56.3	13.8	91.3
云烟87	6.4	7.1	14.0	55	13.5	88.9

不同海拔段比较：在低海拔区域（1 400~1 800m）的红花大金元烟叶，香气量足、香气质较细腻，60%的烟叶可作为高档主料烟叶使用。在中海拔区域（1 800~2 000m）的烟叶，香气量较足、香气质细腻，50%的烟叶可作为高档主料烟叶使用。在较高海拔区域（2 000~2 200m）的烟叶，香气量尚足、香气质较细腻，50%的烟叶在可作为高档次主料烟叶使用。由此得出：海拔2 000m以下是红花大金元品种的种植适宜区，适宜海拔范围在1 600~2 000m之间，其中最适宜海拔范围在1 800m左右（表3-12）。

表3-12　不同海拔区域红花大金元品种烟叶的感官质量特征

海拔（m）	香气质	香气量	口感特性	杂气
1 400~1 600	较细腻、较愉悦，甜润较明显，成团性较好	香气量较足至足，透发，浓度较浓至浓	刺激略有、余味干净舒适	略有
1 600~1 800	较细腻、较愉悦，甜润较明显，成团性较好	香气量较足至足，透发，浓度较浓至浓	刺激略有，余味干净舒适	略有
1 800~2 000	细腻、愉悦，甜润明显，成团性好	香气量较足，较透发浓度较浓	刺激微有，余味干净舒适	微有
2 000~2 200	较细腻、较愉悦，甜润较明显，成团性尚好	香气量尚足，尚透发，浓度尚浓	刺激微有，余味干净舒适	略有

五、致香物质特征

烟叶中的香气物质可分为烟叶香气物质和烟气香气物质。烟叶香气物

质主要是指挥发油等能从烟叶中散发出芳香气味的物质；烟气香气物质也称潜香物质，主要是指复杂高分子化合物等经过燃烧后产生特殊香气的物质（Baum et al.，2003）。

烟草中的化学成分很多，2001 年（Hoffmann 等，2001）对烟草和烟气中的主要化学成分进行了总结，其中从烟草中鉴定出的化合物超过 3 000 种，从卷烟烟气中已鉴定出的化学成分接近 4 000 种。烟叶香气成分相当复杂，按致香基团的不同，一般可把烟叶香气成分分为酸类、醇类、酮类、醛类、酯类、内酯类、酚类、氮杂环类、呋喃类、酰胺类、醚类及烃类。Lloyd 等人（1976）在烤烟中发现羧酸类 48 种，醇类 33 种，醛类 20 种，酰胺类 11 种，酸类 2 种，酯类 48 种，醚类 9 种，亚胺类 10 种，酮类 78 种，内酯类 39 种，酚类 10 种，氮杂环类 15 种，共计 323 种化合物。

我国学者也对烤烟中的致香物质进行了大量研究。如冼可法（1992）从云南烤烟中性致香物质中鉴定出 129 种化学成分；李炎强等（2001）从烤烟叶片中鉴定出了 25 种酸性成分，从烟梗中鉴定出了 24 种酸性成分；谢卫等（2003）以内标法测定了不同部位烟叶中吡嗪、吡咯等 16 种碱性香味成分，糠醛、芳樟醇、β-紫罗兰酮等 17 种中性香味成分，丙酸、2-甲基戊酸、苯甲酸和月桂酸等 15 种酸性成分。王能如等（2009）将巨豆三烯酮、大马酮和茄酮视为我国烤烟主体香味成分。

2007—2008 年，笔者在云南昆明市、曲靖市、保山市三大类型生态烟区采集的红花大金元、K326 和云烟 87 等 3 个主栽品种的 400 个代表性烟样（每套烟样含 B2F、C3F 各 1 个样）的致香物质进行定性、定量分析，共检出 83 种化合物，其中有 73 种按官能团的不同可归属于六大类有较大影响的致香化合物。其中醛类、酮类 34 种，醇类 8 种，酯类、内酯类 7 种，酚类 6 种，呋喃类 8 种，氮杂环类 10 种。

由表 3-13 可见，红花大金元、K326、云烟 87 三个品种间的致香物质含量差异较大，相同品种上部叶致香物质含量明显比中部叶高，红花大金元品种不论上部叶或中部叶，其致香物质总含量均明显比 K326、云烟 87 品种高，尤其是醛类、酮类和醇类致香物质含量高。红花大金元品种烟叶醛类、酮类和醇类致香物质含量较高，其中具有清香、清甜香或焦甜香特征的多种化合物〔苯甲醇、苯甲醛、2，4-庚二烯醛、2，6-壬二烯醛、苯乙醇、β-大马酮、β-二氢大马酮、面包酮、3-甲基-2(5H)-呋喃酮、1-(2-呋喃基)-乙酮、3,4-二甲基-2,5-呋喃二酮]含量明显高于K326品种,这可能是红花大金元品种烟叶清甜香型特征明显的原因之一。

表3-13 红花大金元与K326、云烟87品种烟叶致香物质含量比较

指标(μg/g)	红花大金元		K326		云烟87	
	B2F	C3F	B2F	C3F	B2F	C3F
醛类、酮类化合物	60.8	51.4	56.8	49.5	54.7	46.2
醇类化合物	56.6	53.1	40.9	37.7	34.9	28.7
酯类和内酯类化合物	27.3	26	24.4	22.6	21.8	20.4
酚类化合物	4.2	4	2.9	2.9	2.9	2.7
呋喃类化合物	5.1	4.5	4.4	4.7	5.5	3.5
氮杂环类化合物	6	5.5	5.4	5	5.6	5.1
合计	160	144.5	134.8	122.4	125.4	106.6

由表3-14看出,具有花香特征的5种化合物含量,K326品种烟叶比红花大金元品种烟叶高22.27%。具有清香、清甜香或焦甜香特征的11种化合物含量红花大金元品种烟叶比K326品种烟叶高5.07%。因此笔者认为,这可能是红花大金元品种烟叶清甜香型特征明显的原因之一。

表3-14 红花大金元与K326清香、花香、清甜香、焦甜香类化合物比较

指标(μg/g)	香气类型	红花大金元	K326
香叶基丙酮	花香	2.373	2.591
金合欢基丙酮A	花香	8.825	11.304
金合欢基丙酮B	花香	1.13	1.277
芳樟醇	花香	0.279	0.265
甲酸芳樟酯	花香	0.126	0.131
小计		12.733	15.568
苯甲醇	清香	5.561	4.655
苯甲醛	清香	0.165	0.134
2,4-庚二烯醛	清香	0.182	0.162
2,6-壬二烯醛	清香	0.162	0.149
小计		6.070	5.100

（续）

指标（µg/g）	香气类型	红花大金元	K326
苯乙醇	清甜香	2.435	2.652
BETA-大马酮	清甜香	7.89	7.845
BETA-二氢大马酮	清甜香	2.821	2.805
小计		13.146	13.302
面包酮	焦甜香	0.164	0.156
3-甲基-2（5H）-呋喃酮	焦甜香	0.132	0.1
1-(2-呋喃基)-乙酮	焦甜香	0.189	0.173
3，4-二甲基-2，5-呋喃二酮	焦甜香	0.425	0.323
小计		0.91	0.752
合计		32.859	34.722

综上所述，笔者认为正是由于红花大金元品种烟叶香气质好，香气细腻、优雅，香气量适中，杂气轻，刺激性小，余味舒适，配伍性好，是清香型风格卷烟不可缺少的原料。红花大金元品种烟叶的这种品质特色和风格对铸造卷烟品牌的优良品质和风格特色起到了极为重要的作用，这也是红花大金元烟叶越来越受卷烟工业企业青睐的根本原因。

第四章 🍃
红花大金元品种适宜种植的
生态环境及区域分布

一、生态气候条件对红花大金元品种种植的影响

生态条件是决定烟叶质量的基本因素，对烟叶品质和风格具有重要的影响（邵丽等，2002；许自成等，2005；程亮等，2009），气候和土壤环境使烟叶香吃味具有明显的、不可代替的地域特色和生态优势（刘国顺，2003）。同一基因型的烤烟由于受到生态等因素的影响，其烟叶香味成分的含量和比例都不同，从而造成了香气风格特征的差异（于建军等，2009）。生态因素主要包括气候（光照、温度、降水），土壤条件和海拔高度等。

（一）地形、地势和地貌

地形、地势对土壤的空气、水分、温度、养分含量和气候条件产生影响（李洪勋等，2007），与烟草的生长发育、产量和品质有着密切的关系。研究证明，在海拔 1 400～1 800m 的平地或缓坡梯地，丘陵坡地坡度不大于 15°，能生产高质量的烟叶（董谢琼等，2007）。不同地貌区域所产烟叶的质量也明显不同，曹景林等（2005）研究表明，平川区烟叶颜色浅，身份较薄，油分少；高山坡区烟叶颜色深，光泽较暗；低山或中山缓坡区烟叶颜色正常，光泽鲜明，身份好，烟叶糖和烟碱含量较高，总氮和蛋白质含量略低，化学成分比例相对较为协调。不同地貌区域烟叶化学成分的表现与外观质量表现基本一致，这可能与相应地域的气候条件有关（曹景林等，2005）。云南烟区生产优质烟草的地形地貌以山坡地、山麓和丘陵地

为好，丘陵地自然坡度 15°以下的耕地为最适烟耕地，平地次之，洼地最差（云南省烟草科学研究所，2007）。

（二）气候因子

在烤烟生长发育的各个时期，光照、温度、降水量等气象因子，都与特色烟叶的形成有密切的关系。特色烟叶是各项因子综合作用的结果。大量研究表明（王彪等，2005；黎妍妍等，2007；黄中艳等，2007；张国等，2007；陈伟等，2008），气象因素是影响烟叶化学成分的重要因素之一。张波等（2010）对凉山烟区主要气象因子与烟叶化学成分进行相关分析表明，主要气象因子对烟叶化学成分含量的表现为：日均温＞空气相对湿度＞日照时数＞降水量＞气温日较差，其中旺长期时气象因子对烟叶化学成分的影响最大。但是气象因子在不同生态烟区对化学成分的影响不尽相同。

1. 光照

烤烟是一种喜光作物，充足而不强烈的光照才能生产出优质的烟叶，光照强度对烟草生长发育和品质形成有较大影响。光照过强容易导致烟碱含量升高，刺激性强，香吃味变差，导致烟叶品质下降；光照太弱影响光合作用的正常进行，叶片中干物质积累不足，香气量减少，香气质变差，内在品质降低。据王广山等（2001）研究，光照强度太低不能满足光合作用的需要，形成的碳水化合物多数被呼吸消耗，烟叶品质较差，烟碱含量较高。杨兴有等（2007）研究发现，遮阴条件下烟株干物质积累下降，叶片组织变薄，色素含量升高，落黄成熟时间延长；转化酶活性降低，但遮阴解除后又开始升高。在强光照射下，烟叶的栅栏组织和海绵组织的细胞壁均加厚，形成"粗筋暴叶"，烟碱含量升高。温永琴等（2002）发现，云南烟叶在光照较强的年份石油醚提取物含量较高。郝葳等认为太阳辐射对云南烤烟多酚类致香物的质、量及脂溶性致香物的量均为正效应，以对多酚类致香物的影响最为强烈（郝葳等，1996）。戴冕等（1985）认为，光照与烟叶还原糖积累呈显著负相关关系。陈伟等（2008）、杨兴有等（2007）研究表明，成熟期随着光照强度的降低，烤后烟叶中性致香成分含量有增加的趋势，但是增加到一定程度后又出现下降。烟叶致香物质多为烟株次生代谢产物，适当遮阴条件下，中性致香物质（李东霞等，

2009)、次生代谢物质含量（张文锦等，2006）均有增加的趋势，这与茶叶中的研究一致（王博文等，2006）。在云贵等低纬度、高海拔地区，烤烟成熟期的温度较高，光照强度较大，尤其是日光中短波紫外辐射光的强度高，有利于烟叶中类胡萝卜素的积累。而在黑龙江和河南等低温区以及紫外光强度较低的烟区，烟叶的类胡萝卜素合成量减少，而且多酚的含量升高。光照周期对多酚类化合物的合成也有比较大的影响，光照时间长的烟草其多酚的含量高，而在红光和在温室里生长的烟草多酚含量减少（杨虹琦等，2005）。

光照时间长短会影响烟草的发育特性，延长光照时间可以增加叶宽，烟叶中钾、总氮、烟碱含量随着光照时间的延长而降低，这可能是由于干物质被稀释的缘故。谢敬明等（2006）发现，红河烟叶的总糖含量受成熟期（8月）日照时数的影响，施木克值和钾的含量受旺长期到成熟期（6月下旬至8月下旬）日照时数的影响较大；钙含量主要受6月日照时数的影响。王彪等（2005）对云南烟区烟叶的化学成分与当地主要气象因子的关联度分析表明，不同的气象因子以及不同月份的气象条件与烟叶化学成分有不同的关联度，与旺长期和成熟期的日照时数的关联度最高的是水溶性总糖、还原糖、蛋白质。

增加蓝光比例对叶片生长具有一定的抑制效应，叶长、宽和叶面积减小，使叶重比和干鲜比增加，叶片加厚，叶绿素含量增加，硝酸还原酶活性和呼吸速率提高，叶片总氮、蛋白质、氨基酸含量提高，氮代谢增强，C/N降低。史宏志等（1999）研究也表明，在复合光中增加红光比例对烟草叶面积的增加有一定的促进作用，但叶重降低，叶片变薄。戴冕等（1985）指出，高密度种植的烟叶要比低密度种植的烟叶茎秆长一些，叶子短而窄，这可能与植株生长发育过程中所接受的光源组成有关。短波光在较低强度下对烟草腋芽发生有促进作用，而长波光需要在较高的光照强度下才能促进芽的发生。

2. 温度

烟草是喜温作物，在20～28℃范围内，烟叶的内在质量随着成熟期平均温度升高而提高。优质烤烟所期望的适宜温度范围是26～28℃，此时烟株根系不仅具有较高的生理活性，而且其活性能维持较长时间（王彦亭等，2005）。韦成才等（2004）对陕南5个植烟县的气候与其烟叶品质关系的研究表明，5～8月平均气温过高反而不利于糖分的积累，但有研究指出，温度与烤烟还原糖的积累相关性不显著。王彪等（2005）的研究表明，旺长期和成熟期的温度与烤烟的水溶性、总糖、总植物碱、蛋白质、总氮含量的关联度很高。另有研究指出，温度影响烟草叶面积和烟碱含量，5cm地温和气温升高都会导致烟碱含量增加（肖金香等，2003）。烟草生育期间，需有一定积温才能满足其生长发育的需要。在南方烟区，大田生育期间大于10℃活动积温为2 000～2 800℃，大于8℃的有效积温为1 200～2 000℃，大于10℃的有效积温为1 000～1 800℃，可以生产品质优良的烟叶。有研究表明，成熟期积温与烟碱含量呈正相关关系（金爱兰等，1991）。从烤烟品质出发，烟株对气温要求前期略低于最适宜生长温度，后期要求温度较高，成熟期较理想的平均温度是20～24℃，有利于烟叶内同化物质的积累和转化，增加烟叶的香吃味。张润琼（2003）等研究指出六盘水市境内6～9月平均气温为19～22℃，是生产清香型优质烤烟的理想气温。韦成才等（2004）对陕南烤烟质量与气象因子的关系研究表明，总糖、还原糖与大田期（5～8月）的平均气温呈显著负相关关系。戴冕等（2000）对我国10个主产的烟叶化学成分与气象因子进行了相关分析，研究认为成熟采收期旬平均气温、积温和≥30℃高温与还原糖积累之间呈显著负相关关系，与烟碱积累呈显著正相关关系。温度对烟叶品质的影响不仅表现在平均气温上，还表现在昼夜温差上。丁根胜等（2009）在南平烟区的研究表明，在一定范围内，平均气温升高、降水量减少、日照时数增多有利于碳水化合物的积累，但是对含氮化合物的积累不利。在烟叶的成熟期，较小的昼夜温差，有利于光合产物在烟叶内较多地积累，这有利于提高烟叶的品质，同时多酚的积累也受到昼夜温差的影响。

3. 降水量

降水量的分布可以影响土壤的水分状况、烟田的空气湿度以及叶面腺毛分泌物。戴冕等（2000）指出雨湿因素对烟碱的积累呈极显著的正相关关系。就降水量而言，旺长期（6月）和成熟初期（7月）的降水量与烟碱含量的关联度最高，在适当范围内，烟碱含量与降水量呈正相关关系。王彪等（2005）研究认为与旺长期的降水量有较高相关度的是还原糖、总植物碱、总氮。降雨能淋洗大量烟叶表面的类脂成分。温永琴等

（2002）认为，大田期总降水量对云南烤烟的脂溶性香气物质的影响为负效应，云南最适宜烤烟种植区的大田期旬均降水量以 45～50mm 为宜。

笔者在云南省 40 个县搜集红花大金元品种，将最近 30 年各县的每月及烤烟大田期平均温度、日照和降水量数据进行整理。结果表明红花大金元品种最适宜种植的气候条件为：大田期温度为 20～22.5℃，大田期日照时数 500～750h，大田期降水量 600～700mm。各基地县（区）烤烟大田期（5～8 月）的温度、日照和降水量详见表 4-1。

表 4-1 红花大金元种植基地县（区）气象信息（30 年平均值）

| 市（州） | 县（区） | 烤烟大田期（5～8 月） | | |
		均温（℃）	日照（h）	降水量（mm）
昆明	宜良	21.5	694	597
	石林	20.4	727	636
	安宁	19.7	577	599
	晋宁	19.3	654	600
	禄劝	18.6	694	647
	寻甸	19.1	608	683
	富民	18.9	649	577
	嵩明	19.2	568	670
	西山	19.4	702	676
	官渡	19.4	702	676
	平均	19.6	658	636
红河	弥勒	21.3	578	582
	石屏	21.0	573	634
	建水	21.7	598	592
	蒙自	21.2	576	624
	泸西	19.5	507	576
	开远	21.2	557	620
	个旧	21.4	552	661
	平均	21.0	563	613

（续）

市（州）	县（区）	烤烟大田期（5～8月）		
		均温（℃）	日照（h）	降水量（mm）
曲靖	陆良	19.7	591	595
	师宗	19.0	516	787
	富源	19.3	495	731
	会泽	18.0	677	539
	宣威	18.7	588	650
	马龙	19.2	648	651
	麒麟	19.4	618	668
	沾益	19.1	576	634
	罗平	20.6	588	1 108
	平均	19.0	616	623
保山	昌宁	20.3	594	692
	施甸	19.8	581	621
	腾冲	20.0	510	801
	隆阳	18.8	572	597
	龙陵	20.4	430	998
	平均	19.9	537	742
文山	砚山	20.9	625	656
	丘北	20.7	677	769
	文山	20.8	623	657
	广南	21.9	666	570
	麻栗坡	21.3	599	824
	马关	20.5	612	899
	西畴	21.5	533	702
	平均	21.1	619	725
大理	宾川	20.6	632	539
	祥云	19.8	666	530
	平均	20.2	649	535

（三）土壤

土壤是烤烟赖以生存的物质基础，也是影响烟叶品质的主要生态因素之一，在一定程度上决定着烟叶质量特点，影响着烤烟化学成分的变化（黄成江等，2007；唐新苗等，2011）。烟草对土壤的要求以土层深厚，土质肥美，且温暖、疏松、排水佳的沙质土为宜。在不同类型土壤上栽培烟草，红土比黄土好，红黄土比黄土好，黄土比油沙土好，油沙土比两合土好，两合土比黑土好（颜成生等，2006）。黎成厚等（1999）认为，烟叶产量与土壤中黏粒和物理性黏粒含量均呈极显著的负相关关系。郝葳等（1996）认为，优质烟区的土壤质地应为沙壤土至中壤土，耕层土壤容重为 $1.1 \sim 1.4 \mathrm{g/cm^3}$，土壤总孔隙度为 $47.3\% \sim 56.9\%$。窦逢科等（1992）认为，在丘陵山区土壤质地虽然黏重，但由于少氮富钾，也能生产出色泽金黄、品质优良的烟叶。土壤养分含量是评价土壤肥力的重要指标，其丰缺状况和供应强度直接影响着烟草的生长发育、烟叶产量和质量（颜成生等，2012；高林等；2012）。优质烟叶的生产与土壤养分状况有着十分密切的关系（胡国松等，2000）。寇洪萍（1999）研究认为，土壤 pH 对烟叶化学成分间的协调性影响很大，总糖/蛋白质、总糖/烟碱、总氮/烟碱在 pH $6.5 \sim 7.5$ 范围内较适宜。烟叶钼、钙含量与土壤 pH 有极显著正相关关系，烟叶粗有机物与 pH 有显著负相关性。焦油量比同等条件下碱性土壤种植的焦油量低 20%。国内许多研究认为，我国烟区土壤有机质含量以 $10.0 \sim 20.0 \mathrm{g/kg}$ 为宜，南方多雨区以 $15.0 \sim 30.0 \mathrm{g/kg}$ 为宜（胡国松等，2000）。许东亚等（2015）通过田间试验在云南大理红花大金元典型产区研究了土壤理化性状与烟叶质量的关系。结果表明，土壤交换性镁含量与烟叶氯含量呈极显著正相关关系；土壤有效锰含量与烟叶钾氯比呈极显著正相关；土壤有效钼含量与烟叶氮碱比呈极显著正相关；土壤交换性钙含量与烟叶香气量呈显著正相关。综合结果表明，大理红花大金元产区土壤理化性状各指标分布较为均匀，除全钾、有效钼偏低外，其他土壤理化性状各指标中等至丰富较为适宜；土壤理化性状会影响到烟叶的化学成分和评吸质量，有针对性地调整土壤理化性状指标，适当的土壤理化性状、改良后的土壤质地有利于烟叶化学成分更加协调、评吸质量更高。

笔者对红花大金元品种各个种植区域的土壤状况进行调查、整理

（表4-2），结果表明，土壤pH大多处于5.5～6.5适宜范围内。有机质平均含量由高到低依次为昆明、曲靖、保山、大理、红河，其中昆明、曲靖基地土壤有机质含量略偏高，其他区域处于中等范围。土壤有效氮含量高低顺序依次为昆明、曲靖、保山、红河、大理，均处于适宜范围。土壤有效磷含量相对较高的是昆明、大理。土壤速效钾含量由高到低依次为昆明、曲靖、保山、红河、大理。土壤氯离子含量相对较高的是大理，相对较低的是昆明。土壤有效镁含量较低的是昆明、大理。有效硼含量在各基地间相差不大。总的来看，各基地土壤养分含量总体较为适宜。

表4-2　云南不同烟区土壤理化性质比较

市（州）	县（区）	pH	有机质 (g/kg)	有效氮 (mg/kg)	有效磷 (mg/kg)	速效钾 (mg/kg)	有效镁 (mg/kg)	有效硼 (mg/kg)	氯离子 (mg/kg)
昆明	宜良	6.0	21	97	29	236	165	0.3	17.8
	石林	6.0	17	90	35	210	138	0.3	18.1
	安宁	5.9	36	186	88	178	285	0.3	16.2
	晋宁	6.3	32	143	38	227	333	0.4	18.9
	禄劝	6.5	41	160	64	389	299	0.4	19.4
	寻甸	6.4	31	135	48	307	575	0.3	19.1
	富民	6.6	39	122	39	378	333	0.3	14.6
	嵩明	6.3	43	168	47	212	348	0.5	14.4
	西山	5.9	26	118	33	176	143	0.5	19.2
	官渡	6.0	52	259	34	515	265	0.3	20.3
	平均	6.2	34	148	45	283	288	0.4	17.8
红河	弥勒	6.3	28	128	26	191	357	0.4	20.2
	石屏	5.4	23	97	55	232	94	0.4	16.5
	建水	6.8	18	85	18	201	668	0.4	17.5
	蒙自	6.3	23	104	18	212	224	0.2	19.9
	泸西	6.7	30	141	33	191	352	0.4	20.2
	开远	7.0	22	77	10	283	558	0.5	21.6
	个旧	6.3	26	116	15	272	163	0.4	18.9
	平均	6.4	24	107	25	226	345	0.4	19.3

（续）

市（州）	县（区）	pH	有机质 (g/kg)	有效氮 (mg/kg)	有效磷 (mg/kg)	速效钾 (mg/kg)	有效镁 (mg/kg)	有效硼 (mg/kg)	氯离子 (mg/kg)
	陆良	6.4	23	109	22	204	202	0.4	14.8
	师宗	6.6	36	140	23	246	385	0.4	21.4
	富源	6.9	45	198	15	324	384	0.3	19.2
	会泽	6.0	26	111	15	168	582	0.4	21.1
曲靖	宣威	6.0	39	169	17	176	356	0.4	15.1
	马龙	6.1	29	116	22	302	120	0.3	24.9
	麒麟	6.8	24	114	37	275	280	0.3	13.3
	沾益	6.5	32	141	11	265	279	0.3	17.5
	罗平	6.5	46	199	33	242	297	0.4	17.3
	平均	6.4	33	144	22	245	320		18.3
	昌宁	6.0	25	126	26	296	160	0.4	19.0
	施甸	6.9	15	75	19	294	754	0.3	18.9
保山	腾冲	4.9	46	266	32	184	45	0.3	21.0
	隆阳	7.0	24	119	26	266	933	0.4	18.5
	龙陵	5.1	24	121	11	179	116	0.3	14.1
	平均	6.0	27	141	23	244	402	0.3	18.3
	宾川	6.9	25	112	35	165	370	0.3	21.2
大理	祥云	6.2	25	97	43	161	193	0.3	18.7
	平均	6.6	25	105	39	163	282	0.3	20.0

由表 4-3 可知，昆明烟区土壤颗粒中粒径＜0.01mm 占比基本在 50%~60% 之间，沙粒占比在 30%~35% 之间，粗粉粒占比在 17%~ 19% 之间，黏粒占比在 22%~30% 之间，总体土壤通透性较好。红河基 地土壤颗粒中粒径＜0.01mm 占比基本在 48%~69% 之间，沙粒占比在 25%~32% 之间，粗粉粒占比在 13%~18% 之间，黏粒占比在 23%~ 50% 之间，除开远黏粒比例较高外，整体土壤通透性较好。曲靖基地土壤 颗粒中粒径＜0.01mm 占比基本在 39%~62% 之间，沙粒占比在 27%~ 35% 之间，粗粉粒占比在 15%~19% 之间，黏粒占比在 12%~41% 之间， 总体土壤通透性较好。保山基地土壤颗粒中粒径＜0.01mm 占比基本在 52%~77% 之间，沙粒占比在 32%~35% 之间，粗粉粒占比在 17%~

19%之间，黏粒占比在16%～33%之间，总体土壤通透性较好。大理基地土壤颗粒中粒径<0.01mm占比基本在30%～50%之间，沙粒占比在37%左右，粗粉粒占比在20%左右，黏粒占比在8%～21%之间，总体土壤通透性较好。

表4-3　云南不同烟区土壤颗粒组成（%）

市（州）	县（区）	<0.01mm	沙粒	粗粉粒	黏粒
昆明	宜良	56.1	33.3	17.9	30.6
	石林	51.3	32.2	17.3	26.5
	安宁	54.6	32.9	17.7	29.3
	晋宁	50.9	32.2	17.3	26.1
	禄劝	49.6	35.4	19.0	22.3
	寻甸	50.2	33.5	18.0	24.4
	富民	51.5	32.5	17.5	26.5
	嵩明	53.7	33.1	17.8	28.3
	西山	55.8	29.1	15.6	33.5
	官渡	61.0	30.1	16.2	37.9
红河	弥勒	57.7	29.4	15.8	35.1
	石屏	48.2	32.6	17.5	23.2
	建水	48.4	30.1	16.2	25.3
	蒙自	51.7	28.6	15.4	29.7
	泸西	54.9	31.8	17.2	30.3
	开远	69.1	24.8	13.3	50.0
	个旧	63.0	29.6	15.9	40.3
曲靖	陆良	51.0	31.2	16.8	27.0
	师宗	62.4	27.4	14.7	41.4
	富源	60.4	31.1	16.7	36.4
	会泽	39.0	35.6	19.1	11.6
	宣威	51.2	33.3	17.9	25.5
	马龙	53.6	33.0	17.7	28.2
	麒麟	57.4	31.2	16.7	33.5
	沾益	56.7	29.4	15.8	34.1
	罗平	57.5	33.2	17.9	30.2

（续）

市（州）	县（区）	＜0.01mm	沙粒	粗粉粒	黏粒
保山	昌宁	73.2	33.7	18.1	21.3
	施甸	77.3	32.3	17.4	27.6
	腾冲	68.7	34.6	18.6	15.5
	隆阳	51.9	32.4	17.4	30.9
	龙陵	64.6	32.1	16.8	33.1
大理	宾川	49.5	36.6	19.7	21.4
	祥云	29.4	37.2	20.0	8.5

土壤水分对红花大金元烟叶品质的影响也较大，主要是由对烤烟碳氮代谢过程的调控来决定的。成熟期轻度干旱时，烟叶中大部分香气物质含量较高，有利于烟叶香气物质的形成和转化。根系对营养元素的吸收主要是通过扩散途径，而土壤中氮、磷、钾的扩散在很大程度上受土壤水分等因素的影响。孙梅霞等（2005）研究表明，气孔导度与土壤含水量呈极显著的正相关关系，当伸根期田间持水量为61.5%，旺长期为80.6%，成熟期为80.0%时，气孔导度最大，有利于进行光合作用，可作为适宜的土壤水分指标。关于成熟期土壤水分研究，目前还存在一定分歧。陈瑞泰等（1987）研究发现，成熟期最适宜土壤水分含量为60%～65%，而刘贞琦等（1995）则提出应为70%左右。蔡寒玉等（2005）研究表明，土壤含水量与烟叶产量呈二次曲线关系，当耗水量达到一定程度时，产量增加缓慢，开始出现"报酬递减"现象，但良好的水分供应可提高水分的利用效率。Clough等（1975）研究表明，水分胁迫会导致烟叶品质下降。发生涝害时，烟叶细胞间隙加大，组织疏松，有机物质积累减少，叶片成熟落黄慢，烘烤后叶片薄、颜色淡、弹性缺乏、香气不足。韩锦峰等（1994）研究表明，烟草在干旱胁迫下，烟碱和总氮含量升高，而总糖、还原糖和香气均降低，品质下降。干旱胁迫下，烟叶中类异戊二烯化合物变化较复杂，其中二萜类化合物明显增加，类胡萝卜素物质和烟草烷类化合物含量下降，从而影响香气质量。

（四）海拔高度

海拔高度通过温度、水分以及光照等的分布，来影响红花大金元的烟叶质量。在低纬中海拔地区（1 350m），与云烟 85、云烟 87、V2 和 K326 等相比，红花大金元的产量、产值、上等烟比例、级指都最低，表现最差（罗以贵等，2007）。在海拔 1 800～2 000m 以上的山地、田块、丘陵地种植，稳产性优良，分别比"云系"、K326 增产 27.5％和 15.3％（张家鹏等，2000）。周金仙等（2006）研究认为，在海拔 1 500～2 000m 范围内，红花大金元香气质和评吸总分与海拔呈正相关，与徐兴阳等（2007）的研究结果一致。在四川凉山地区，易念游等（1999）研究认为，红花大金元产量、产值、均价、上等烟率均较高，该地区可以以红花大金元为主栽品种。在西藏高海拔地区，即 2 700～3 000m，与 G-28、中烟 90 和 K326 等相比，红花大金元内在品质好，化学成分较协调，上等烟比例高，抗病性好，产值较稳定（钟国辉等，2000）。

由于红花大金元的品种适应性较差，适应区域较窄，因此应该根据它的品种特性选择适宜的种植区。研究结果表明，红花大金元在海拔 1 500～2 000m 能够获得较好的产量，并且烟叶内在质量也较好。因此，红花大金元品种立体优化布局目标应是减少海拔 2 000m 以上区域的种植比例。

二、红花大金元品种适宜种植的海拔区域筛选及合理布局

为做好红花大金元品种的立体优化布局，笔者根据红花大金元品种烟叶在不同海拔段的产量、产值等经济性状，以及烟叶外观质量、内在化学物质及感官质量的变化，综合红花大金元品种烟叶产量高、产值高的海拔区域，筛选红花大金元品种适宜种植的海拔范围。

（一）根据红花大金元品种烟叶产量和产值进行适宜海拔区域的筛选

在云南省昆明、曲靖、红河和保山 4 市（州）红花大金元品种的主要种植区域内，选取 1 400～1 600m、1 600～1 800m、1 800～2 000m 和 2 000～2 200m 四个海拔段进行研究。结果表明：在海拔 1 400～1 600m 区域内，红花大金元品种烟叶的产量和产值都比海拔 2 000～2 200m 的

高，海拔超过 2 000m 红花大金元品种烟叶的产量和产值均明显下降。从
亩产量和亩产值上比较，适宜种植红花大金元品种烟叶的海拔范围在
1 400~2 000m 之间，其中最适宜种植的海拔范围在 1 400~1 800m 区域
（表 4-4）。

表 4-4　不同海拔区域红花大金元品种烟叶的产量和产值调查

海拔（m）	产量（kg/亩）	产值（元/亩）	均价（元/kg）
1 400~1 600	138.0	3 008.4	21.8
1 600~1 800	136.2	2 941.9	21.6
1 800~2 000	132.8	2 802.1	21.1
2 000~2 200	126.6	2 633.3	20.8

（二）根据红花大金元烟叶外观质量进行适宜海拔区域的筛选

由表 4-5 可见：红花大金元品种随着种植海拔的升高，烟叶颜色逐
渐由深变浅，叶片结构逐渐由疏松向尚疏松转变，色度逐渐变淡。

表 4-5　不同海拔区域内红花大金元品种烟叶的外观质量特征

海拔（m）	颜色	成熟度	叶片结构	油分	色度
1 400~1 600	80%橘黄＋20%柠檬黄	成熟	疏松	30%多＋70%有	30%浓＋70%强
1 600~1 800	80%橘黄＋20%柠檬黄	成熟	疏松	30%多＋70%有	30%浓＋70%强
1 800~2 000	70%橘黄＋30%柠檬黄	成熟	90%疏松＋10%尚疏松	20%多＋80%有	10%浓＋80%强＋10%中
2 000~2 200	60%橘黄＋40%柠檬黄	成熟	70%疏松＋30%尚疏松	10%多＋80%有＋10%稍有	80%强＋20%中

（三）根据红花大金元烟叶化学品质进行适宜海拔区域的筛选

由表 4-6 可见，红花大金元品种烟叶（B2F、C3F 混合样）的总糖、
还原糖、淀粉含量随着种植海拔的升高，呈逐渐上升趋势；烟叶的烟碱和
石油醚提取物含量则随着海拔的升高呈逐渐下降趋势。

表4-6　不同海拔区域红花大金元烟叶内在化学成分含量比较（％）

海拔（m）	总糖	还原糖	淀粉	烟碱	石油醚提取物
1 400～1 600	26.60％	23.54％	3.14％	3.3％	6.87％
1 600～1 800	27.90％	23.98％	3.32％	2.86％	6.49％
1 800～2 000	28.35％	24.62％	3.52％	2.76％	6.11％
2 000～2 200	30.04％	26.87％	3.80％	2.63％	5.82％

（四）根据红花大金元烟叶感官评吸质量进行适宜海拔区域的筛选

在感官质量档次为一、二类原料的151个红花大金元烟样当中，有119个烟样来自海拔2 000m以下的烟区，占烟样总数的78.8％。海拔1 600m以下的烟样100％为一、二类原料，随着种植海拔的升高，质量档次为一、二类原料的烟样比例逐渐降低，当海拔达到2 000m以上时，质量档次为一、二类原料的烟样比例降为60.38％。因此，根据红花大金元烟叶感官评吸质量结果，红花大金元品种应该优先选择在海拔2 000m以下区域种植（表4-7）。

表4-7　海拔差异对红花大金元品种烟叶评吸结果的影响

海拔（m）	取样数（个）	一、二类原料（个）	比例（％）
＜1 600	8	8	100.00
1 600～1 800	43	37	86.05
1 800～2 000	100	74	74.00
＞2 000	53	32	60.38
总计	204	151	74.02

（五）根据红花大金元烟叶致香物质含量进行适宜海拔区域的筛选

由表4-8可看出，在海拔1 600m以下，红花大金元品种烟叶致香物质含量较低；在海拔1 600～1 800m之间，随着海拔升高，致香物质含量急剧增加；在海拔1 800～2 000m之间，海拔升高，致香物质含量仍然增加，但增加趋势变缓；在海拔 2 000～2 200m 间，海拔升高，致香物质含量呈现下降趋势。

表 4-8　各海拔红花大金元品种烟叶致香物质含量比较（μg/g）

香味物质	1 400～1 600m	1 600～1 800m	1 800～2 000m	2 000～2 200m
醛、酮类化合物	56.9	54.8	56.5	54.0
醇类化合物	50.3	55.9	56.7	51.1
酯类和内酯化合物	27.6	25.4	26.3	29.5
酚类化合物	3.6	4.1	4.2	4.0
呋喃类化合物	5.1	5.1	4.9	4.7
氮杂环化合物	5.6	5.7	5.7	6.2
合计	149.1	151	154.3	149.5

综上所述，在云南昆明、曲靖、红河和保山 4 市（州）红花大金元品种的主要种植点在 1 396～2 347m 海拔高度范围内，红花大金元品种种植的适宜海拔范围在 1 400～1 800m 之间，其中最适宜海拔范围在 1 800m 左右。

三、红花大金元品种适宜种植的土壤类型及合理布局

（一）红花大金元品种烟叶在不同类型土壤上的产量和产值

在云南昆明、曲靖、红河和保山 4 市（州）红花大金元品种主要种植区域的相同海拔区域内，选择 4 种不同类型的土壤，采集有代表性的红花大金元品种烟样 204 个（B2F 和 C3F 各 102 个）进行产量、产值调查研究。结果表明：从经济性状表现看，红花大金元品种适宜在水稻土、红壤、紫色土和黄壤上种植，其中最适宜在水稻土、红壤和紫色土上种植（表 4-9）。

表 4-9　红花大金元品种烟叶在不同类型土壤上的经济性状表现

土壤类型	亩产量（kg）	亩产值（元）	均价（元/kg）
水稻土	138.8	2 859.3	20.6
红壤	135.2	2 866.2	21.2
紫色土	134.4	2 809.0	20.9
黄壤	130.0	2 600.0	20.0

（二）红花大金元品种烟叶在不同类型土壤上的感官质量

由表 4 – 10 可见，一、二类原料的烟样比例，水稻土上的为 81.3%；红壤上的为 73.3%；紫色土上的为 71.1%；黄壤上的为 50.0%。因此，从烟叶感官质量看，最适宜种植红花大金元品种的土壤是水稻土、红壤和紫色土，其次是黄壤。

表 4 – 10　红花大金元品种在不同类型土壤上的烟叶感官评吸结果比较

土壤类型	取样数（个）	一、二类原料（个）	比例（%）
水稻土	48	39	81.3
红壤	116	85	73.3
紫色土	38	27	71.1
黄壤	2	1	50.0
合计	204	152	74.5

（三）红花大金元品种烟叶在不同类型土壤上的致香物质含量

由表 4 – 11 可见，在紫色土、水稻土和红壤上种植的红花大金元品种烟叶的致香物质含量均较黄壤高。从烟叶致香物质含量看，紫色土、水稻土、红壤均比黄壤更适宜种植红花大金元品种。

表 4 – 11　红花大金元品种在不同类型土壤上的烟叶致香物质含量比较（µg/g）

致香物质	紫色土	水稻土	红壤	黄壤
醛类、酮类化合物	60.9	55.1	54.1	48.2
醇类化合物	57.7	54.2	52.1	46.8
酯类和内酯类化合物	26.7	26.9	26.1	27.3
酚类化合物	4.2	4.0	4.1	4.4
呋喃类化合物	5.2	4.7	4.7	3.0
氮杂环类化合物	5.9	5.5	5.7	6.2
合计	160.6	150.4	146.8	135.9

四、红花大金元品种适宜种植的土壤质地及合理布局

　　红花大金元品种适宜种植的土壤质地为沙土、壤土和轻黏土，其中最适宜的土壤质地为沙土和壤土。作物的外观形态是其生长状况的最直接反映，因此，烟株的株高、茎围、叶数、叶色及长势能够直观地反映其生长情况。由表4-12可以看出，烟株各处理组的形态指标随土质的不同而变化，土质这一因素对株高、茎围和叶数的影响差异达到了显著水平。在烟株的3个生育时期中，相同土壤含水量条件下，烟株的株高、茎围和叶数的变化均以壤土为最好，沙土次之，黏土最差。且任一土质的4个水分处理中，处理3和处理4都显著优于处理1和处理2，但处理3和处理4之间差异并不显著，说明土壤含水量较高时对烟株的株高、茎围和叶数的影响不大。从叶色和长势看，土壤含水量较低的条件下烟株生长缓慢，叶色深绿，而土壤含水量较高时叶片大而薄，叶色相对较浅。由于沙土保水能力差，烟株前期尚能正常生长，但随着烟株生长对水分需求量的增大，其长势明显不如壤土中的情形。黏土保水保肥力强，烟株后

表4-12　不同土壤质地条件下烟株相关指标的变化

生育期	处理	重复	形态及长势				
			株高（cm）	茎围（cm）	叶数	叶色	长势
伸根期	壤土	1	6.83e	4.07g	10.33g	浓绿	差
		2	8.38c	4.43eg	11.00ef	绿	中
		3	10.13a	5.67ab	13.33a	绿	中
		4	10.38a	6.00a	13.67a	绿	中
	沙土	1	5.63f	3.33hi	9.67igh	绿	差
		2	7.25de	3.93gh	10.33bc	绿	中
		3	9.13b	5.17bcd	12.33bc	浅绿	中
		4	9.38b	5.47abc	13.00ab	浅绿	中
	黏土	1	4.50g	2.87i	9.00h	绿	差
		2	6.00f	3.83gh	10.00g	绿	中
		3	7.63cd	4.73def	11.33de	绿	中
		4	7.88cd	4.93cde	12.00cd	浅绿	中

（续）

生育期	处理	重复	形态及长势				
			株高（cm）	茎围（cm）	叶数	叶色	长势
旺长期	壤土	1	49.00d	6.33f	13.33e	浓绿	差
		2	66.33b	6.87e	15.00d	浓绿	中
		3	74.63a	8.40a	18.33a	绿	强
		4	75.20a	8.67a	18.67a	绿	强
	沙土	1	44.83e	5.43g	12.00fg	绿	差
		2	51.80d	6.13f	13.67e	浅绿	差
		3	57.60c	7.67bc	16.67bc	浅绿	中
		4	58.00c	7.97b	17.67ab	浅绿	中
	黏土	1	35.63f	4.93h	11.00g	浓绿	差
		2	41.33e	5.90f	12.67ef	绿	中
		3	51.73d	7.07de	16.33c	绿	中
		4	52.17d	7.40cd	17.00bc	浅绿	强
成熟期	壤土	1	70.00f	6.90ef	19.33ef	绿	差
		2	90.33c	7.53d	20.67d	浅绿	中
		3	111.67a	9.30a	23.67b	黄绿	中
		4	114.67a	9.53a	24.67a	绿	强
	沙土	1	62.67g	6.30g	18.33fg	绿	差
		2	80.33d	7.07e	19.33ef	黄绿	差
		3	98.33b	8.60b	22.33c	黄绿	差
		4	101.50b	8.83b	23.33b	绿	中
	黏土	1	58.17h	5.83h	17.33gi	绿	差
		2	74.50e	6.60fg	18.33gh	浅绿	中
		3	91.83c	8.23c	20.33de	浅绿	强
		4	93.83c	8.50bc	20.67d	绿	强

注：a、b、c等小写英文字母表示不同处理在 $P<0.05$ 水平下差异达到显著。

期长势过旺而不能适时落黄，不利于烟叶品质。壤土排水、透气适中，因此，壤土中的烟株在各个生育时期均保持良好的长势（王玉芳等，2009）。

五、影响红花大金元品种烟叶产量、质量关键因子筛选研究

(一) 材料与方法

1. 研究材料

结合昆明烟区红花大金元种植布局和海拔分布,于 2014 年 8—9 月在全市植烟区共布置 48 个采样点,采集 144 个初烤烟叶样品,包括上部 (B2F)、中部 (C3F)、下部 (X2F) 各 48 个,进行烟叶外观质量、内在化学成分及感官评吸室内测定和分析。同时记录各采样点的基本信息和样点编号 (表 4 - 13),主要调查信息包括:海拔、土壤类型、土地利用类型、轮作模式、盖膜方式、移栽方式等。

表 4 - 13　烟叶采样点基本信息和样点编号

品种	样点	县/区	乡/镇	村委会	村民小组	经度	纬度	海拔 (m)
红花大金元	XD1	寻甸	金源	大平田	安央	103.071 80	25.493 34	1 890
	XD2			安丰	安丰	103.084 40	25.403 72	1 700
	XD3			安央	荒田	103.073 00	25.483 63	2 100
	XD4		河口	双龙	偏坡路	103.191 50	25.423 17	2 159
	XD5			水冒天	鲁纳	103.266 60	25.403 29	2 194
	XD6			十甲	此马力	103.292 30	25.351 82	1 926
	XD7		甸沙	甸沙	麦地村	103.064 10	25.412 69	1 998
	XD8			甸沙	李家村	103.065 80	25.395 31	2 252
	XD9			甸沙	杨家村	103.065 30	25.405 31	2 158
	LQ1	禄劝	皎平渡	杉乐	山后	102.438 10	26.162 34	2 280
	LQ2			半角	新民	102.433 50	26.093 96	2 270
	LQ3		翠华	初途	初途	102.437 80	25.279 32	1 852
	LQ4			噜姑	上龙则	102.354 90	25.418 34	2 235
	LQ5			红石岩	德安	102.467 80	25.383 96	1 912
	LQ6			新华	上老悟	102.378 60	25.457 32	2 010
	LQ7			永善	本念	102.439 50	26.150 84	2 250
	LQ8		皎平渡	皎西	脚拿	102.441 80	26.183 45	2 260

（续）

品种	样点	县/区	乡/镇	村委会	村民小组	经度	纬度	海拔（m）
红花大金元	FM1	富民	赤就	龙潭	龙潭	102.594 24	25.386 38	1 750
	FM2			平地	平地	102.596 89	25.362 35	2 050
	FM3			平地	平地	102.567 02	25.378 69	1 870
	FM4			普桥	白龙水井	102.556 81	25.394 28	2 213
	FM5		罗免	小甸	五队	102.437 13	25.336 6	1 792
	FM6			小甸	总管营	102.516 72	25.354 62	1 837
	FM7			麻地	哨上	102.448 84	25.973 33	2 201
	FM8			石板沟	第一	102.372 85	25.374 52	2 176
	SM1	嵩明	小街	矣得谷	小矣得谷	103.140 00	25.323 19	1 949
	SM2		阿子营	羊街	支嘎	102.718 20	25.316 77	2 132
	SM3			羊街	绕鹰窝	102.728 76	25.309 42	2 107
	JN1	晋宁	夕阳	木杵榔	木杵榔	102.155 20	24.294 79	1 780
	JN2			打黑	杨柳河	102.194 10	24.253 27	2 190
	JN3		双河	双河	石槽河	102.245 80	24.330 93	1 995
	JN4			老江河	大村	102.223 30	24.301 93	2 100
	SL1	石林	石林	天生关	第二	103.245 40	24.522 32	1 897

2. 烟叶品质测评指标及标准

烟叶内在化学品质分析参考云南省优质烟叶标准（表4-14）；烟叶内在化学品质评价指标包括烟碱、总氮、还原糖、淀粉、糖碱比、氮碱比、钾氯比等，赋值及权重见表4-15。

根据昆明市烟叶外观质量特点，结合昆明市烟草公司生产部和技术中心相关专家的经验，特制定昆明市烟叶外观质量测评标准，测评指标和权重见表4-16。

表4-14　云南省烟叶内在化学成分优质标准

部位	总糖（%）	还原糖（%）	总氮（%）	烟碱（%）	氮碱比	糖碱比	淀粉（%）	K_2O（%）	Cl^-（%）	钾氯比	两糖差（%）
上	20~28	16~24	2.2~2.6	2.2~3.4	0.6~0.8	6~10					
中	24~32	20~28	2.0~2.5	2.0~2.7	0.7~0.9	8~12	4~6	≥1.8	0.3~0.8	4~10	4~6
下	28~36	24~30	1.8~2.0	1.8~2.4	0.9~1.0	8~13					

表 4-15　烟叶内在化学成分指标赋值分值及权重

指标	100	100~90	90~80	80~70	70~60	<60	权重（%）
烟碱（%）	2.2~2.8	2~2.2	1.8~2	1.7~1.8	1.6~1.7	<1.6	0.17
		2.8~2.9	2.9~3	3~3.1	3.1~3.2	≥3.2	
总氮（%）	2~2.5	1.9~2	1.8~1.9	1.7~1.8	1.6~1.7	<1.6	0.09
		2.5~2.6	2.6~2.7	2.7~2.8	2.8~2.9	≥2.9	
还原糖（%）	18~22	16~18	14~16	13~14	12~13	<12	0.14
		22~24	24~26	26~27	27~28	≥28	
K_2O（%）	≥2.5	2~2.5	1.5~2	1.2~1.5	1~1.2	<1	0.08
淀粉（%）	≤3.5	3.5~4.5	4.5~5	5~5.5	5.5~6	≥6	0.07
糖碱比	8.5~9.5	7~8.5	6~7	5.5~6	5~5.5	<5	0.25
		9.5~12	12~13	13~14	14~15	>15	
氮碱比	0.95~1.05	0.8~0.95	0.7~0.8	0.65~0.7	0.6~0.65	<0.6	0.11
		1.05~1.2	1.2~1.3	1.3~1.35	1.35~1.4	>1.4	
钾氯比	≥8	6~8	5~6	4.5~5	4~4.5	<4	0.09

表 4-16　烟叶外观质量测评指标及标准

指标	权重（%）	分值	程度档次
颜色	20	16~20	橘黄
		11~15	柠檬黄
		6~10	红棕
		0~5	微带青
成熟度	20	16~20	成熟
		11~15	完熟
		9~10	尚熟
		5~8	欠熟
		0~4	假熟
叶片结构	8	7~8	疏松
		5~6	尚疏松
		3~4	稍密
		0~2	紧密

（续）

指标	权重（%）	分值	程度档次
身份	7	5～7	中等
		3～4	稍薄、稍厚
		0～2	薄、厚
油分	20	16～20	多
		11～15	有
		9～10	稍有
		0～8	少
色度	20	16～20	浓
		11～15	强
		9～10	中
		5～8	弱
		0～4	淡
长度（cm）	3	3	>45
		2	35～45
		0	<35
残伤（%）	2	0～2	<10

烟叶感官质量评价指标包括香气质、香气量、余味、杂气、刺激性、燃烧性、灰色及香型等（表4-17）。

表4-17 烟叶感官质量测评指标及标准

指标	权重（%）	分值	程度档次
香气质	15	13～15	好
		10～12	较好
		7～9	中等
		<7	较差
香气量	20	18～20	足
		15～17	较足
		12～14	尚足
		9～11	有
		<9	较少

（续）

指标	权重（%）	分值	程度档次
余味	25	22～25	舒适
		18～21	较舒适
		14～17	尚舒适
		10～13	欠适
		＜10	差
杂气	18	16～18	微有
		13～15	较轻
		10～12	有
		7～9	略重
		＜7	重
刺激性	12	11～12	轻
		9～10	微有
		7～8	有
		5～6	略大
		＜5	大
燃烧性	5	5	强
		4	较强
		3	中等
		2	较差
		0	熄火
灰色	5	5	白色
		3	灰白
		＜2	黑灰
香型		清、清偏中、中偏清、中间香、中偏浓、浓偏中、浓香、特香型	
劲头		大、较大、适中、较小、小	
浓度		浓、较浓、中等、较淡、淡	

　　采用指数和法评价烤烟品质综合情况：$P = \sum C_i \times P_i$，式中：P 为烤烟品质综合指数；C_i 为第 i 个品质指标的量化分值，P_i 为第 i 个品质指标的相对权重。

3. 烟叶产量、质量影响因素水平分级及编号

对采样地块进行 GPS 定位，并记录采样地块的海拔高度；通过对农户的走访调查，确定采样地块的土壤类型、土地利用类型、轮作模式、盖膜方式、土壤疏松度、水利条件、前茬作物类型、留叶数、移栽方式、种烟年限、移栽时间、大田生育期、农家肥用量，以及氮磷钾养分投入量等影响因素，各因素水平分级及编号如下（表 4-18）。

表 4-18　烟叶产量、质量影响因素水平分级及编号

因素	红花大金元	编号	因素	分类	编号	因素	分类	编号
海拔（m）	1 800m 以下	H1	土壤类型	红壤	S1	土地利用类型	水田	L1
	1 800~1 900m	H2		水稻土	S2		旱坡地	L2
	1 900~2 000m	H3		紫色土	S3		水改旱地	L3
	2 000~2 100m	H4		黄壤	S4			
	2 100~2 200m	H5	轮作模式	旱地轮作	R1	土壤疏松度	疏松	D1
	2 200m 以上	H6		水旱轮作	R2		一般	D2
纯 N 亩用量（kg）	3.5kg 以下	n1		烤烟连作	R3		板结	D3
	3.5~4kg	n2	盖膜方式	揭膜	F1	移栽方式	膜上壮苗	T1
	4kg 以上	n3		不揭膜	F2		膜下小苗	T2
P₂O₅ 亩用量（kg）	4kg 以下	p1	水利条件	水池或沟渠、灌装	I1	种烟年限	0~5 年	A1
	4~6kg	p2		水窖或管桩	I2		5~10 年	A2
	6kg 以上	p3		车拉水	I3		10 年以上	A3
K₂O 亩用量（kg）	10kg 以下	k1	前茬作物	麦类	C1	移栽时间	4 月 15 日以前	P1
	10~15kg	k2		豆科/绿肥	C2		4 月 16 日至 25 日	P2
	15kg 以上	k3		空闲	C3		4 月 26 日至 30 日	P3
农家肥亩用量（kg）	0kg	O1		油菜	C4		5 月 1 日以后	P4
	500kg 以下	O2	移栽至成熟时间	75d 以下	B1	大田生育期	140d 以下	G1
	500~800kg	O3		76~90d	B2		141~150d	G2
	800kg 以上	O4		90d 以上	B3		150d 以上	G3
			留叶数	14~16 片	N1	留叶数	19~20 片	N3
				17~18 片	N2		21~22 片	N4

4. 烟叶产量、质量分级标准

根据烟叶实际产量和烟叶外观质量、内在化学成分和感官质量综合的

测评分值，进行烟叶产量、质量分级，标准见表4-19至表4-22。

表4-19 红花大金元烟叶产量分级标准

分级编号	分级标准（kg/亩）
Y1	≤116
Y2	>116，≤125
Y3	>125

表4-20 不同部位红花大金元烟叶感官质量测评分值水平分级

	上部叶（B2F）	中部叶（C3F）
TP1	≤73.5	≤74.5
TP2	>73，≤74.5	>74.5，≤75.5
TP3	>74.5	>75.5

表4-21 不同部位红花大金元烟叶外观质量测评分值水平分级

	上部叶（B2F）	中部叶（C3F）	下部叶（X2F）
TP1	≤68.5	≤70	≤65.5
TP2	>68.5，≤71	>70，≤72.5	>65.5，≤68.5
TP3	>71	>72.5	>68.5

表4-22 不同部位红花大金元烟叶内在化学成分测评分值水平分级

	上部叶（B2F）	中部叶（C3F）	下部叶（X2F）
TP1	≤77	≤74.5	≤71
TP2	>77，≤83.5	>74.5，≤82.5	>71，≤80
TP3	>83.5	>82.5	>80

5. 数据统计与分析

采用EXCEL、DPS等软件，主要运用多因子对应分析等方法，对红花大金元品种烟叶品质进行评价和关键影响因素筛选。

（二）结果与分析

1. 昆明市特色品种红花大金元烟叶品质分析

由表4-23可知，和石林、晋宁等南部烟区相比，寻甸、禄劝等北部烟区烟叶外观质量表现稍差。差别主要表现在颜色上，寻甸、禄劝等北部烟区烟叶颜色呈橘黄或橘黄一，而石林、晋宁等南部烟区烟叶呈橘黄＋。

表4-23 昆明烟区红花大金元品种烟叶外观质量比较

部位	地点	颜色	成熟度	叶片结构	身份	油分	色度	长度	残伤	合计
B2F	寻甸	17.7	16.3	5.9	5.1	11.6	11.4	1.5	1.5	71.1
	禄劝	17.6	16.0	6.3	5.9	11.3	11.5	1.3	1.4	71.2
	嵩明	17.7	16.0	6.2	5.3	11.5	10.5	1.3	1.5	70.0
	富民	18.1	15.8	5.5	5.0	11.1	10.7	1.3	1.5	69.0
	石林	19.0	16.0	6.5	6.0	11.5	11.5	1.5	1.5	73.5
	晋宁	18.9	16.0	6.5	6.0	11.6	10.8	1.3	1.5	72.5
C3F	寻甸	18.7	17.5	7.3	5.9	11.7	9.3	1.5	1.5	73.4
	禄劝	17.6	16.1	7.3	6.2	12.3	9.4	1.4	1.4	71.7
	嵩明	19.0	16.5	6.0	5.0	12.5	9.0	1.5	1.5	71.0
	富民	17.6	16.2	7.1	5.8	12.1	9.3	1.4	1.5	70.9
	石林	19.0	17.0	7.0	6.5	12.5	9.5	1.5	1.5	74.5
	晋宁	18.6	17.0	6.8	5.4	12.3	9.1	1.4	1.4	71.9
X2F	寻甸	18.3	15.9	7.2	5.0	9.4	9.3	1.5	1.5	68.1
	禄劝	17.8	14.5	7.1	5.3	8.9	8.6	1.4	1.4	65.0
	嵩明	17.3	16.8	7.3	5.5	9.2	9.2	1.6	1.5	68.4
	富民	17.3	15.3	6.9	5.0	9.6	8.6	1.4	1.4	65.5
	石林	19.0	16.0	7.5	4.5	9.5	9.5	1.5	1.5	69.0
	晋宁	16.8	16.1	7.1	4.6	8.9	8.5	1.3	1.3	64.5

由表4-24可见，从内在化学成分协调性来看，石林、晋宁等南部烟区表现较好。差别主要表现在：寻甸、禄劝等北部烟区烟叶总糖、还原糖含量偏高，石林、晋宁等南部烟区适中；寻甸、禄劝等北部烟区氧化钾、钾氯比稍低于石林、晋宁等南部烟区，而氯离子、糖碱比稍高；其他指标相当。

表 4 - 24　昆明烟区红花大金元品种烟叶内在化学成分比较

部位	县（区）	总糖 （%）	还原糖 （%）	总氮 （%）	烟碱 （%）	K₂O （%）	氯离子 （%）	淀粉 （%）	糖碱比	氮碱比	钾氯比	两糖差 （%）
B2F	寻甸	33.0	29.7	2.21	3.01	1.85	0.56	5.1	9.9	0.74	3.3	3.3
	禄劝	33.9	28.5	1.83	2.56	2.15	0.25	4.4	11.1	0.71	8.7	5.4
	富民	31.9	28.4	2.43	2.69	2.08	0.35	3.7	10.6	0.90	6.0	3.5
	嵩明	31.8	27.9	2.60	2.31	2.02	0.38	3.0	12.0	1.12	5.3	3.9
	晋宁	29.3	25.2	2.70	3.33	2.20	0.41	3.2	7.6	0.81	5.3	4.1
	石林	29.5	26.0	2.52	3.37	2.60	0.16	0.9	7.7	0.75	16.4	3.5
C3F	寻甸	39.2	34.2	1.70	1.95	2.16	0.32	4.5	17.5	0.87	6.8	5.0
	禄劝	35.4	30.4	1.89	2.00	2.12	0.31	3.1	15.2	0.95	6.8	5.0
	富民	34.3	30.9	2.12	1.93	2.09	0.58	3.8	16.0	1.10	4.0	3.3
	嵩明	26.8	25.1	2.69	2.84	2.19	0.20	2.4	8.9	0.95	11.1	1.7
	晋宁	38.2	31.7	2.17	2.12	2.42	0.14	2.8	15.0	1.03	17.6	6.5
	石林	26.8	22.1	2.48	2.68	2.84	0.12	1.4	8.3	0.93	22.8	4.6
X2F	寻甸	36.0	32.4	1.54	1.47	2.29	0.49	5.6	22.0	1.04	4.7	3.6
	禄劝	34.3	30.2	1.78	2.06	2.24	0.22	4.5	14.7	0.86	10.3	4.1
	富民	34.8	31.0	1.75	1.45	2.67	0.15	2.6	21.4	1.21	18.1	3.9
	嵩明	38.8	30.4	1.45	1.13	2.43	0.18	5.2	26.9	1.29	13.3	8.4
	晋宁	38.6	32.4	1.75	1.05	2.92	0.23	2.6	30.9	1.67	12.6	6.2
	石林	29.0	24.3	2.00	2.37	2.98	0.14	1.4	10.3	0.85	21.1	4.7

　　由表 4 - 25 可见，从感官评吸质量来看，寻甸、禄劝等北部烟区比石林、晋宁等南部烟区稍差。差别主要表现在：寻甸、禄劝等北部烟区比石林、晋宁等南部烟区烟叶香气质稍差，香气量稍微不足，质量档次稍差等。

表 4 - 25　昆明烟区红花大金元品种烟叶感官评吸质量比较

部位	县（区）	劲头	浓度	香气质	香气量	余味	杂气	刺激性	燃烧性	灰色	得分	质量档次
B2F	寻甸	适中至 适中＋	中等至 中等＋	10.8	15.9	18.9	13.7	8.9	3.0	3.0	74.3	中等至 较好
	禄劝	适中	中等	11.1	16.1	18.9	13.8	9.0	3.0	3.0	74.8	中等至 较好＋

（续）

部位	县（区）	劲头	浓度	香气质	香气量	余味	杂气	刺激性	燃烧性	灰色	得分	质量档次
B2F	富民	适中	中等	11.0	15.8	18.8	13.6	9.0	3.0	3.0	74.3	中等至中等+
	嵩明	适中	中等至中等+	10.8	16.2	18.8	13.8	9.0	3.0	3.0	74.7	中等至较好+
	晋宁	适中	中等	11.0	16.3	19.0	14.0	9.0	3.0	3.0	75.3	较好至较好+
	石林	适中+	中等+	11.0	16.5	19.0	14.0	9.0	3.0	3.0	75.5	较好+
C3F	寻甸	适中至适中+	中等	11.2	16.2	19.0	13.9	9.1	3.0	3.0	75.3	较好+至好
	禄劝	适中	中等	11.3	16.3	19.0	14.0	9.0	3.0	3.0	75.6	较好+至好
	富民	适中	中等至中等+	11.1	16.3	19.0	13.9	9.1	3.0	3.0	75.3	较好+至好
	嵩明	适中	中等至中等+	10.7	16.0	18.7	13.3	9.0	3.0	3.0	73.7	中等-至中等
	晋宁	适中	中等+	11.4	16.4	19.0	14.0	9.0	3.0	3.0	75.8	好
	石林	适中+	中等+	11.5	16.5	19.0	14.0	9.0	3.0	3.0	76.0	好

2. 主要气候因素、土壤肥力对红花大金元烟叶产量、质量的影响

由图 4-1 可见，采用对应分析方法（DPS 统计软件）分析样本（采样地区）与变量（气候条件、土壤肥力与烟叶产量、质量）之间的对应关系，以上对应分析图展示了最主要的两个维度的对应信息。红花大金元烟叶产量、质量与主要气候因子、土壤因子的对应关系如下：

（1）各县（市）和红花大金元烟叶产量、质量的对应关系通过横轴上的方向和相对距离可知：石林烟叶产量、质量最高，其次是晋宁、富民，再次是禄劝、寻甸，而嵩明最低。

（2）从各县市和气候、土壤因子的相对距离可知：石林主要受日照时数长的影响，富民主要受土壤水溶性氯含量的影响，禄劝、寻甸主要受土壤有机质、有效氮含量的影响，嵩明主要受降水量较多、土壤有效磷含量较高的影响。

（3）烟叶产量、质量和气候、土壤因子的对应关系。烟叶产量主要表

现为横轴方向上的影响，气温、日照时数、降水量、土壤有机质是影响红花大金元产量的主要因子，其中气温、日照时数与烟叶产量呈正相关关系，而降水量和土壤有机质过高则影响烟叶产量。从烟叶质量看，横轴上表现为气温、日照时数的正影响，偏高有机质和降水量的负影响，纵轴上表现为偏高水溶性氯的负影响。

综上所述，石林烟叶产量、质量最高，其次是晋宁、富民，再次是禄劝、寻甸，而嵩明最低；气温、日照时数、降水量及土壤养分含量是影响红花大金元产量的主要因子，其中石林烟叶产量、质量较高，主要受日照时数和气温较高的正影响，而嵩明烟叶产量、质量低主要受降水量和土壤有机质相对偏高的负影响，富民主要受土壤水溶性氯含量较高的影响，寻甸、禄劝主要受土壤有机质、有效氮含量较高的影响。

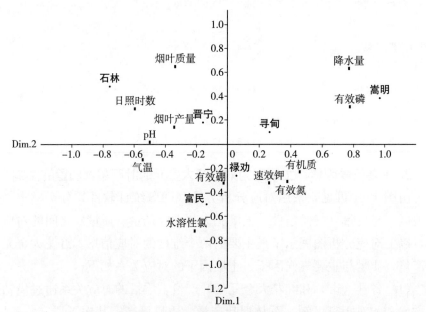

图 4-1　气候、土壤肥力因素与红花大金元烟叶产量、质量之间的对应分析

注：Dim. 是 Dimension，那维度的简称，下同。

3. 海拔、生产因素对红花大金元烟叶产量、质量的影响

对海拔高度、土壤类型、土地利用类型、轮作制度、盖膜方式、移栽方式等影响因素与红花大金元烟叶产量进行多维列联表（表 4-26）的对应分析，结果如下。

（1）在95%的置信区间内，实现红花大金元烟叶高产（125kg以上）的海拔和生产条件为：S2（水稻土），R1（旱地轮作），T1（膜上壮苗），F1（揭膜），C1（前茬作物为麦类），A1（种烟5年以下），B2（移栽至成熟时间为76～90d），P2＞P3（移栽时间为4月16日至30日，4月16日至25日更优），G2（大田生育期在141～150d），N2（留叶数17～18片），O2（农家肥亩用量500kg以下），n2（纯N亩用量3.5～4kg），p3（P_2O_5亩用量5kg），k1＞k2（K_2O亩用量15kg以下）；海拔影响不明显（图4-2）。

表4-26 影响因素与红花大金元烟叶产量、质量水平的多维列联表

编号	产量			外观质量			内在化学成分			感官质量		
	Y1	Y2	Y3	TP1	TP2	TP3	TP1	TP2	TP3	TP1	TP2	TP3
H1	2	2	0	6	6	0	5	4	2	0	2	4
H2	2	3	0	7	6	2	2	4	9	5	4	1
H3	2	2	2	7	3	8	4	9	5	5	2	5
H4	0	3	1	3	4	5	1	5	6	0	5	3
H5	3	3	3	8	7	12	15	6	6	7	5	6
H6	3	0	5	5	12	7	8	10	6	1	7	8
S1	9	4	8	20	20	23	17	16	20	15	14	13
S2	2	7	2	10	17	6	10	14	9	2	10	9
S3	1	2	1	6	1	5	8	8	5	1	1	5
L1	1	1	2	3	5	4	6	5	1	1	1	5
L2	10	7	8	29	21	25	23	25	26	16	15	18
L3	1	5	1	4	12	5	6	8	7	1	9	4
R1	4	5	7	15	16	17	21	9	17	6	13	12
R2	1	0	1	2	1	3	2	3	1	1	0	3
R3	7	8	3	19	21	14	12	26	16	11	12	12
F1	7	10	7	24	21	27	26	24	22	14	17	16
F2	5	3	7	12	17	7	9	14	9	4	8	11
T1	3	8	11	15	22	29	24	19	13	8	16	20
T2	9	5	0	21	16	5	11	19	21	10	9	7
D1	8	5	0	14	19	6	14	13	12	7	4	5
D2	4	7	10	19	19	25	20	23	20	10	12	20
D3	0	1	1	3	0	3	1	2	2	1	0	2
I1	4	8	5	17	23	11	17	17	16	4	12	16
I2	5	2	5	11	10	15	12	15	9	9	8	7
I3	3	3	1	8	5	8	6	6	9	5	5	4

（续）

编号	产量			外观质量			内在化学成分			感官质量		
	Y1	Y2	Y3	TP1	TP2	TP3	TP1	TP2	TP3	TP1	TP2	TP3
C1	3	7	8	12	22	20	17	18	19	7	14	14
C2	5	4	3	19	6	11	12	14	9	8	5	10
C3	3	1	0	4	6	2	3	4	5	3	2	3
C4	1	1	0	1	4	1	3	2	1	0	4	0
A1	4	3	4	13	9	11	14	8	11	6	5	10
A2	8	7	5	18	24	18	16	23	20	9	18	12
A3	0	3	2	5	5	5	5	7	3	3	2	5
P1	3	6	0	17	7	3	7	9	10	6	5	6
P2	2	2	4	1	9	14	12	7	5	5	3	7
P3	4	3	5	12	14	10	9	14	13	6	10	8
P4	3	2	2	6	8	7	7	8	6	1	7	6
N1	1	0	3	2	4	6	5	6	1	4	2	2
N2	6	9	8	24	23	22	23	20	25	10	14	20
N3	3	4	0	6	10	5	5	9	7	2	9	3
N4	2	0	0	4	1	1	2	3	1	2	0	2
B1	5	4	3	12	9	15	11	15	10	5	11	8
B2	3	5	5	13	16	10	11	10	17	3	10	12
B3	4	4	3	11	13	9	13	13	7	10	4	7
G1	5	7	3	22	10	13	13	15	16	8	8	13
G2	3	2	6	5	14	14	11	11	11	4	10	8
G3	4	4	2	9	14	7	11	12	7	6	7	6
O1	1	1	0	4	1	1	2	2	2	1	0	3
O2	4	7	4	17	12	16	16	16	12	10	8	10
O3	7	5	4	14	18	13	13	16	16	7	14	9
O4	0	0	4	1	7	4	4	4	4	0	3	5
n1	5	2	4	14	10	9	14	5	14	6	7	9
n2	2	11	4	18	19	14	14	23	13	7	12	13
n3	5	0	3	4	9	11	7	10	7	5	6	5
p1	5	6	2	18	12	9	13	11	14	8	5	12
p2	6	4	3	13	16	10	9	15	15	6	12	8
p3	1	3	6	5	10	15	13	12	5	4	8	7

（续）

编号	产量			外观质量			内在化学成分			感官质量		
	Y1	Y2	Y3	TP1	TP2	TP3	TP1	TP2	TP3	TP1	TP2	TP3
k1	2	2	5	5	11	11	7	8	12	3	6	9
k2	1	6	6	7	13	19	15	13	11	6	11	8
k3	9	5	0	24	14	4	13	17	11	9	8	10
合计	216	234	198	648	684	612	630	684	612	324	450	486

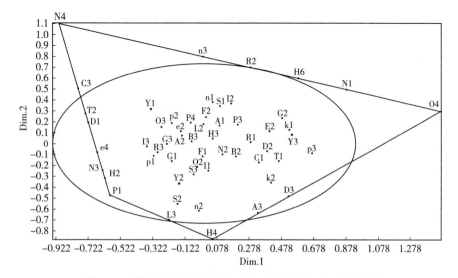

图 4-2　影响因素与红花大金元烟叶产量之间的对应分析

（2）红花大金元烟叶外观质量表现好的海拔和生产条件为：海拔1 900～2 200m，其中 2 000～2 100m 更好，S1（红壤），R1、R2（旱地轮作、水旱轮作），T1（膜上壮苗），F1（揭膜），C1（前茬作物为麦类），A3（种烟 10 年以上），B1（移栽至成熟时间为 75d 以下），P2＞P3（移栽时间为 4 月 16 日至 30 日，4 月 16 日至 25 日更优），G2（大田生育期在141～150d），N1（留叶数 14～16 片），O2（农家肥亩用量 500kg），n3（纯 N 亩用量 4kg 以上），p3（P_2O_5 亩用量 6kg 以上），k2（K_2O 亩用量10～15kg）（图 4-3）。

（3）红花大金元内在化学成分协调性表现好的海拔和生产条件为：海拔 1 900～2 000m，S1（红壤），L2（旱坡地），T2（膜下小苗），F2（不揭膜），C3＞C1（前茬作物为空闲优于麦类），A2（种烟 5～10 年），B2

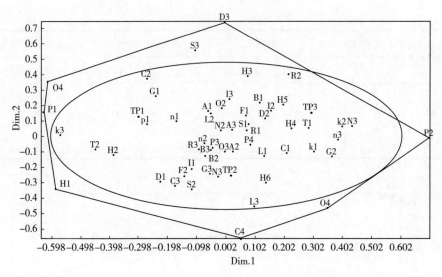

图 4-3 影响因素与红花大金元烟叶外观质量之间的对应分析

（移栽至成熟时间为 76～90d），P1（移栽时间为 4 月 15 日之前），G1（大田生育期在 140d 以下），N2（留叶数 17～18 片），O3（农家肥亩用量 500～800kg），n1（纯 N 亩用量 3.5kg 以下），p1＞p2（P_2O_5 亩用量 4kg 以下），k1（K_2O 亩用量 10kg 以下）（图 4-4）。

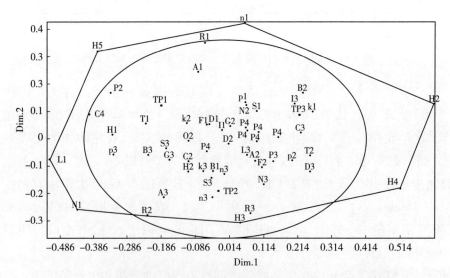

图 4-4 影响因素与红花大金元烟叶内在化学成分之间的对应分析

（4）红花大金元感官评吸质量表现好的海拔和生产条件为：2 200m

以上，S2（水稻土），T1（膜上壮苗），F2（不揭膜），C1（前茬作物为麦类），A1（种烟 5 年以下），B2（移栽至成熟时间为 76～90d），P2（移栽时间为 4 月 16 日至 25 日），G1（大田生育期在 140d 以下），N2（留叶数 17～18 片），O3（农家肥亩用量 500～800kg），n1（纯 N 亩用量 3.5kg 以下），p1（P_2O_5 亩用量 4kg 以下），k1（K_2O 亩用量 10kg 以下）（图 4-5）。

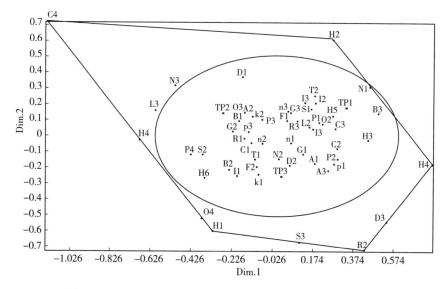

图 4-5　影响因素与红花大金元烟叶感官质量之间的对应分析

综合红花大金元烟叶产量及外观质量、内在化学成分及感官评吸结果，红花大金元总体表现较好的海拔和生产条件为：海拔 1 900～2 100m，膜上壮苗，前茬作物为麦类，种烟 5 年以下，移栽时间为 4 月 25 日以前，移栽至成熟时间为 76～90d，大田生育期在 150d 以下，留叶数 17～18 片，农家肥用量 500～800kg，纯 N 用量 4kg 以下，P_2O_5 亩用量 6kg 以下，K_2O 亩用量 10～15kg。

（三）结论

从昆明烟区特色品种红花大金元的烟叶品质情况来看，寻甸、禄劝等北部烟区相比石林、晋宁等南部烟区烟叶外观质量、内在化学成分及感官评吸质量均表现稍差。外观质量差别主要表现在颜色上，寻甸、禄劝等北部烟区烟叶颜色呈橘黄或橘黄一，而石林、晋宁等南部烟区烟叶呈橘黄十。烟叶内在化学成分差别主要表现在：寻甸、禄劝等北部烟区烟叶总糖、还原糖含量偏高，石林、晋宁等南部烟区适中，寻甸、禄劝等北部烟区氧化钾、钾氯比稍低于石林、晋宁等南部烟区，而氯离子、糖碱比稍高。烟叶感官评吸质量差别主要表现在：寻甸、禄劝等北部烟区比石林、晋宁等南部烟区烟叶香气质稍差，香气量稍微不足，质量档次稍差等。

石林烟叶产量、质量最高，其次是晋宁、富民，再次是禄劝、寻甸，而嵩明最低。气温、日照时数、降水量及土壤养分含量是影响红花大金元产量的主要因子，其中石林烟叶产量、质量高主要受日照时数和气温较高的正影响，而嵩明烟叶产量、质量低主要受降水量和土壤有机质相对偏高的负影响，富民主要受土壤水溶性氯含量较高的影响，寻甸、禄劝主要受土壤有机质、有效氮含量较高的影响。

对海拔高度、土壤类型、土地利用类型、轮作制度、盖膜方式、移栽方式等影响因素与红花大金元烟叶产量及外观质量、内在化学成分及感官评吸质量的多维列联表对应分析结果表明，影响红花大金元烟叶产量、质量及表现较好的海拔和生产关键因素为：①海拔为 1 900～2 100m；②膜上壮苗移栽，移栽时间为 4 月 25 日以前，移栽至成熟时间为 76～90d，大田生育期在 150d 以下，留叶数 17～18 片，农家肥亩用量 500～800kg，纯 N 亩用量 4kg 以下，P_2O_5 亩用量 6kg 以下，K_2O 亩用量 10～15kg。

第五章

红花大金元品种关键配套栽培及施肥技术试验研究

一、红花大金元与 K326、云烟 87 品种合理轮换种植试验研究

（一）研究背景

在一定的生态条件下，品种对烟叶质量和香型风格有较大影响（吕芬等，2005；张新要等，2006；易建华等，2006）。通过调研发现红花大金元品种的生长发育和品质形成对生态环境及栽培技术有特殊要求。首先要对其种植区域进行合理布局，不但要重视大气候、大环境（邵丽等，2002），还要注重适宜小环境的选择；其次要采取综合配套的栽培技术。通过开展品种试验研究，筛选出能充分彰显红花大金元品种风格特色及其配套栽培技术，最大限度地发掘品种的优良性状，为产区品种合理布局和保障卷烟工业企业特色优质原料稳定供应提供科学依据。

（二）材料与方法

1. 试验地点与时间
试验地点：云南省红河州弥勒市西三镇戈西村大麦地。

试验时间：2016—2018 年。

2. 供试土壤基本农化性状
供试土壤肥力中等，具有代表性的黄壤，土壤理化性状为土壤 pH 6.02、有机质 3.44%、碱解氮含量 167.40mg/kg、有效磷含量 27.00mg/kg、速效钾含量 201.17mg/kg。

3. 试验设计与处理

试验共设置 4 个处理，见表 5-1。每个处理面积为 1 亩，共 4 亩。试验田块 4 亩土地前茬作物均为玉米。烤烟种植肥料采用烟草专用复合肥（N∶P₂O₅∶K₂O=10∶12∶24），亩施纯氮量根据土壤肥力和品种实际情况进行调整，其中 60%作基肥，40%作追肥。4 月 15 日进行膜下小苗移栽，行距 1.2m，株距 0.55m，其余各项管理措施与当地最优措施保持一致。

表 5-1 试验处理设计

处理名称	处理方式
K326~红花大金元~云 87	2016 年种 K326、2017 年种红花大金元、2018 年种云 87
云 87~红花大金元~K326	2016 年种云 87、2017 年种红花大金元、2018 年种 K326
红花大金元~K326~云 87	2016 年种红花大金元、2017 年种 K326、2018 年种云 87
红花大金元~云 87~K326	2016 年种红花大金元、2017 年种云 87、2018 年种 K326

4. 田间调查与样品分析

参照 YC/T 39—1996 进行大田期病虫害调查。

对每个小区烟株烟叶进行挂牌标记，采烤后按照标牌根据国家标准 GB2 635—1992 进行烟叶分级，计算烟叶产量。

每个处理采集 C3F 烟样，分析烟叶外观质量和感官评价。

（三）结果与分析

1. 品种轮换对烤烟病害发生情况分析

由表 5-2 可知，K326~红花大金元~云 87 与云 87~红花大金元~K326 处理均在 2016 年种植烤烟后，2017 年红花大金元品种烤烟黑胫病情指数增加，这可能由于红花大金元品种抗黑胫病能力较弱。而红花大金元~K326~云 87 和红花大金元~云 87~K326 处理的烤烟 2016 年在前茬作物玉米种植后间隔一年，红花大金元品种的黑胫病病情指数较低。综合 4 个处理 3 年的病情指数，红花大金元~K326~云 87 处理的烤烟病情指数较低。

2. 品种轮换对烟叶产量的影响

由表 5-3 可知，3 年的烟叶亩产量以红花大金元~K326~云 87 处理为较高。

表 5 - 2　不同品种轮换种植试验的各处理病害的病情指数

处理	时间（年）	黑胫病	炭疽病	TMV
K326～红花大金元～云 87	2016	0.42	0.01	0.26
	2017	4.45	2.14	0.50
	2018	3.67	1.00	1.00
	3 年	8.54	3.15	1.76
云 87～红花大金元～K326	2016	1.29	0.20	0.27
	2017	4.69	0.31	0.66
	2018	2.21	0.02	0.22
	3 年	8.19	0.53	1.15
红花大金元～K326～云 87	2016	2.35	—	0.24
	2017	2.08	0.03	0.27
	2018	2.28	1.33	0.67
	3 年	6.71	1.36	1.18
红花大金元～云 87～K326	2016	2.46	—	0.24
	2017	3.08	0.03	0.81
	2018	2.28	0.33	0.66
	3 年	7.82	0.36	1.71

表 5 - 3　不同品种轮换种植试验的各处理烟叶产量（kg/亩）

时间（年）	K326～红花大金元～云 87	云 87～红花大金元～K326	红花大金元～K326～云 87	红花大金元～云 87～K326
2016	152.3	145.3	132.5	132.5
2017	127.2	125.6	155.4	140.7
2018	140.8	145.5	140.4	132.8
3 年	420.3	416.4	428.3	406.0

3. 品种轮换对烟叶外观质量的影响

由表 5 - 4 可知，3 年不同品种轮换种植试验的烟叶外观质量总分相差不大。

4. 品种轮换对烟叶感官质量的影响

由表 5 - 5 可知，3 年不同品种轮换种植的烟叶感官质量总分均值以红花大金元～K326～云 87 处理为较好。

表5-4　不同品种轮换种植试验的各处理烟叶外观质量

处理	时间（年）	颜色	成熟度	叶片结构	身份	油分	色度	总分
K326～红花大金元～云87	2016	8.5	8.5	8.0	7.5	6.0	6.5	45.0
	2017	9.5	8.5	8.0	7.5	6.0	6.5	46.0
	2018	8.0	8.5	9.0	8.5	7.0	5.0	46.0
云87～红花大金元～K326	2016	8.5	9.0	8.5	7.5	5.5	6.0	45.0
	2017	9.5	8.5	8.0	7.5	6.0	6.5	46.0
	2018	8.5	8.5	8.0	7.5	6.0	6.0	45.0
红花大金元～K326～云87	2016	9.5	8.5	7.5	7	6.5	7.0	46.0
	2017	9.0	8.5	8.0	7.0	6.0	6.0	45.0
	2018	8.5	9.0	8.5	7.5	5.5	6.0	45.0
红花大金元～云87～K326	2016	9.5	8.5	7.5	7	6.5	7.0	46.0
	2017	8.5	9.0	8.5	7.0	5.5	6.0	44.5
	2018	8.5	8.5	8.0	7.5	6.0	6.5	45.0

表5-5　不同品种轮换种植试验的各处理烟叶感官质量

处理	时间（年）	香气质	香气量	杂气	浓度	刺激性	余味	燃烧性	灰色	总分	3年均分
K326～红花大金元～云87	2016	7.0	6.0	6.5	6.0	6.5	6.5	5.5	4.0	48.0	
	2017	6.5	6.5	6.5	6.5	6.0	6.5	5.0	3.0	46.5	47.0
	2018	6.5	6.0	6.5	6.0	6.5	6.5	5.0	3.5	46.5	
云87～红花大金元～K326	2016	6.5	6.0	6.5	6.0	6.5	6.5	5.5	3.5	46.0	
	2017	6.5	6.0	6.5	5.5	6.5	6.5	5.0	3.0	45.5	46.3
	2018	7.0	6.0	7.0	6.0	7.0	6.5	5.0	3.0	47.5	
红花大金元～K326～云87	2016	7.0	6.0	7.0	6.0	6.5	6.5	5.0	4.0	48.0	
	2017	6.5	6.0	6.5	6.0	6.5	6.0	5.0	3.5	47.0	47.3
	2018	6.5	6.0	6.5	6.0	6.5	6.0	5.0	4.0	47.0	
红花大金元～云87～K326	2016	6.5	6.0	6.5	6.0	6.5	6.0	5.0	4.0	47.5	
	2017	6.5	5.5	6.5	5.5	6.5	6.0	5.0	3.5	45.5	46.7
	2018	6.5	6.0	6.5	6.0	7.0	6.0	6.5	3.0	47.0	

（四）结论

综合大田病害发生情况、烟叶产量与感官评吸结果，表明红花大金元～K326～云 87 品种轮换种植顺序的烤烟大田黑胫病病情指数较低，烟叶产量和感官评吸总分较高，初步确定红花大金元～K326～云 87 品种轮换种植顺序较好。

二、红花大金元品种烟叶化学品质调控技术试验研究

（一）红花大金元品种"控碱"技术试验研究

1. 研究背景

烟碱是烟草最重要的化学成分之一，其存在赋予了烟草作为一种嗜好作物的独特魅力，其含量直接决定烟叶内在品质、安全性和可用性（招启柏等，2006）。烟碱不仅是烟叶中最重要的化学成分，也是卷烟中主要的品质指标之一，烟气中若烟碱含量过低则劲头小，吸味平淡；含量过高则劲头大，刺激性增强，产生辛辣味（招启柏等，2005）。烟叶烟碱含量对烟叶的吸食质量有很大影响，对加工工艺和烟制品的风味也有重要作用，一般烤烟烟叶中烟碱的含量为 1.5%～3.5%，适宜的烟碱含量在 2%～3%。近年来，随着我国优质烟叶生产技术的普及和推广，我国部分烟区烟叶外观质量接近国际水平，但与此同时，许多烟区存在着烟叶尤其是上部叶烟碱含量仍然偏高（3%～4%）、化学成分不协调等问题，影响了烟叶的可用性，给烘烤和工业生产带来了一定困难。云南烟区有 11.5% 的区域烟碱含量偏高（>3.2%），其中昆明和红河占比较高，样本占 15% 左右，其次是保山、曲靖和文山，占 10% 左右（李伟等，2017）。

由此，笔者选择云南某卷烟品牌烟碱含量偏高的区域，以主栽品种红花大金元为研究对象，开展"控碱"技术田间试验研究，以期在国家卷烟质量标准对烟叶原料中烟碱含量大幅度降低的要求下，如何在现有种植品种下，提高生产水平，做到既能满足国家烟叶收购标准对烟叶外观质量要求，又能协调好烟农种植烟草对经济效益追求的基础上，有效降低烟叶烟碱含量。

2. 材料与方法

（1）试验地点与时间

试验地点：昆明市安宁市草铺镇邵九村委会大海孜村，24°55′1″N，102°20′5″E，海拔 1 880m。

试验时间：2016 年 4 月至 9 月。

（2）供试土壤基本农化性状

试验地土壤类型为红壤，土壤基本农艺性状如下：土壤 pH 5.7，有机质 24.1g/kg，有效氮 103.7mg/kg，有效磷 102.6mg/kg，速效钾 258.8mg/kg。

（3）试验设计和处理

从前期施氮量、株距、留叶数、打顶时期 4 个因素正交试验处理设计中，选择出优化组合 6 个处理措施，每个处理 3 次重复，共计 18 个小区，每个小区 60 株，田间随机排列。各处理设计如下表 5-6。

表 5-6　红花大金元试验处理

处理	施纯氮（kg/亩）	留叶数（片）	株行距（m）	打顶时间
T1	3	16		
T2	3	18		
T3	3	20	0.5×1.2	现蕾打顶
T4	4	16		
T5	4	18		
T6	4	20		

（4）田间调查和样品分析

在封顶前调查有效叶数、打顶株高、腰叶长、腰叶宽，并计算腰叶面积，计算公式：叶面积加权平均值（cm^2）$= 1/N \sum [$叶长×叶宽×叶面积系数$(0.634\ 5)]$，其中，N 为重复数，本试验重复数为 3。

按小区进行分级测产，计算产值、均价及各等级所占比例。

采集各小区上部（B2F）、中部（C3F）烟叶样品进行室内检测化学品质及烟叶外观质量打分。

（5）数据统计与分析

采用 EXCEL、DPS 等软件，运用统计学的方法，对数据进行多重比较和方差显著性分析。

3. 结果与分析

（1）不同处理对红花大金元农艺性状的影响

综合烤烟农艺性状各指标，红花大金元以 T4、T5（亩施纯氮

4.0kg，留叶数 16～18 片，行株距 1.2m×0.5m，现蕾打顶）处理表现最佳（表 5-7）。

表 5-7 红花大金元不同控碱措施对烟叶农艺性状的影响

处理	打顶株高（cm）	腰叶长（cm）	腰叶宽（cm）	腰叶面积（cm²）
T1	109.1cC	72.9bA	28.4bA	1 317.6bA
T2	123.5bB	75.6abA	29.9abA	1 433.7abA
T3	136.6aA	74.0abA	29.6abA	1 393.7abA
T4	110.1cC	77.0aA	29.3abA	1 462.8aA
T5	124.4bAB	76.6abA	30.0aA	1 459.4aA
T6	136.5aA	75.2abA	29.2abA	1 394.6abA

注：表中 a、b、c 等不同小写英文字母，表示不同处理之间差异达到显著水平（$P<5\%$）；A、B、C 等不同大写英文字母，表示不同处理之间差异达到极其显著水平（$P<1\%$）；下同。

（2）不同处理对红花大金元经济性状的影响

从表 5-8 可以看出，红花大金元控碱试验 T2（亩施纯氮 3.0kg，留叶数 18 片）和 T6（亩施纯氮 4.0kg，留叶数 20 片）的经济性状最好，T4（亩施纯氮 4.0kg，留叶数 16 片）的经济性状最差。

表 5-8 红花大金元不同控碱措施对烟叶经济性状的影响

处理	产量（kg/亩）	产值（元/亩）	均价（元/kg）	上中等烟比例（%）
T1	146.3bA	3 799.0aA	25.9aA	80.9aA
T2	162.3abA	3 872.0aA	23.9abA	80.5aA
T3	161.6abA	3 818.2aA	23.5abA	79.2aA
T4	167.8aA	3 602.6aA	21.5bA	74.1aA
T5	169.2aA	3 614.6aA	21.4bA	76.8aA
T6	164.6aA	3 859.2aA	23.4abA	78.1aA

（3）不同处理对红花大金元烟叶外观质量的影响

从表 5-9 可以看出，红花大金元 T1（亩施纯氮 3.0kg，留叶数 16 叶）上部叶和中部叶的外观质量评价总分最高，T5（亩施纯氮 4.0kg，留叶数 18 叶）上部叶和中部叶的外观质量评价总分最低。

表 5 - 9　红花大金元不同处理烟叶外观质量比较

部位	处理	颜色	成熟度	叶片结构	身份	油分	色度	总分
B2F	T1	7.3aA	14.4aA	12.5aA	13.0aA	16.3aA	16.3aA	79.8aA
	T2	7.0aA	14.6aA	12.2aA	12.7aA	15.3aA	15.3aA	77.1aA
	T3	7.0aA	14.6aA	12.2aA	12.7aA	15.3aA	15.3aA	77.1aA
	T4	7.0aA	14.6aA	12.2aA	12.7aA	15.3aA	15.3aA	77.1aA
	T5	7.0aA	14.6aA	12.2aA	12.7aA	15.3aA	15.3aA	77.1aA
	T6	7.0aA	14.6aA	12.2aA	12.7aA	15.3aA	15.3aA	77.1aA
C3F	T1	7.3aA	14.2aA	14.2aA	14.2aA	18.2aA	16.7aA	84.8aA
	T2	7.4aA	13.8aA	14.0aA	13.2aA	18.2aA	17.0aA	84.2aA
	T3	7.3aA	13.8aA	14.2aA	13.8aA	18.0aA	16.7aA	83.8aA
	T4	7.4aA	13.8aA	14.0aA	13.8aA	18.2aA	17.0aA	84.2aA
	T5	7.3aA	13.5aA	14.0aA	13.5aA	17.7aA	16.3aA	82.3aA
	T6	7.4aA	13.8aA	14.0aA	13.8aA	18.2aA	17.0aA	84.2aA

（4）不同处理对红花大金元烟叶化学品质的影响

从表 5 - 10 可以看出，红花大金元 T4（亩施纯氮 4.0kg，留叶数 16 叶）上部叶和中部叶烟碱的含量最高，T6（亩施纯氮 4.0kg，留叶数 20 叶）烟碱含量最低。根据 Q/YZY1—2009 标准，红花大金元 T2、T4、T5（亩施纯氮 3.0～4.0kg，留叶数 16～18 叶）的中部叶和上部叶烟碱含量符合优质烤烟内在化学成分的标准。T3 和 T6 的上部叶和中部叶总氮含量符合 Q/YZY1—2009 优质烤烟内在化学成分的标准（中部 1.8％～2.4％、上部 2.0％～2.6％）；除了中部叶 T1 外，其他处理的上部叶和中部叶总糖含量符合优质烤烟内在化学成分的标准（中部 24％～33％、上部 24％～31％）；除了上部叶 T6 外，其他处理的上部叶和中部叶还原糖含量符合优质烤烟内在化学成分的标准（中部 20％～28％、上部 21％～26％）；除了中部叶 T1 外，其他处理的上部叶和中部叶钾含量符合优质烤烟内在化学成分的标准（中部≥1.7％、上部≥1.5％）；各处理的上部叶和中部叶的氯含量均符合优质烤烟内在化学成分的标准（烟叶氯 0.1％～0.6％）；所有处理的上部叶和中部叶的氮碱比符合优质烤烟内在化学成分的标准（中部 0.7～1.0、上部 0.6～0.8）；上部叶所有处理和中部叶 T3 的两糖差符合优质烤烟内在化学成分的标准（中部≤6.0、上部≤5.0）。

表 5-10 红花大金元不同处理烟叶化学品质比较

部位	处理	K（%）	Cl⁻（%）	钾氯比	总氮（%）	烟碱（%）	氮碱比	总糖（%）	还原糖（%）	两糖差	糖碱比
B2F	T1	2.0abA	0.3aA	7.0aA	2.6abA	3.3abAB	0.8aA	29.5aA	25.4aA	4.1aA	8.9abA
	T2	1.9abA	0.3aA	7.4aA	2.7aA	3.5abAB	0.8aA	28.6aA	25.3aA	3.3aA	8.3abA
	T3	1.9abA	0.2aA	7.8aA	2.5abA	3.0bAB	0.8aA	29.1aA	26.4aA	2.7aA	9.7abA
	T4	1.8bA	0.2aA	7.7aA	2.7aA	3.7aA	0.7aA	28.6aA	26.0aA	2.6aA	7.7bA
	T5	1.9abA	0.3aA	7.0aA	2.7aA	3.6aAB	0.8aA	28.8aA	25.3aA	3.5aA	8.1abA
	T6	2.0aA	0.2aA	8.1aA	2.4bA	2.9bB	0.8aA	30.5aA	27.9aA	2.6aA	10.7aA
C3F	T1	1.5aA	0.2aA	10.0aA	1.7aA	2.1abA	0.8abA	36.0aA	27.6aA	8.5aA	17.7aA
	T2	1.8aA	0.2aA	11.5aA	1.9abA	2.3abA	0.8abA	33.1abA	26.1aA	7.0aA	14.5abA
	T3	1.9aA	0.2aA	13.1aA	1.9abA	2.1abA	0.9aA	31.8bA	26.2aA	5.5aA	15.4abA
	T4	1.9aA	0.2aA	11.7aA	2.0abA	2.6aA	0.8abA	31.4bA	24.7aA	6.7aA	12.2bA
	T5	1.9aA	0.2aA	12.0aA	2.0aA	2.5abA	0.8abA	31.2bA	24.5aA	6.7aA	12.7bA
	T6	1.8aA	0.2aA	12.1aA	1.8bA	2.1abA	0.9aA	32.8abA	25.1aA	7.7aA	15.6abA

4. 讨论与结论

不同烟区烟碱含量的差异，主要是品种、生产技术和生态环境条件不同造成的。烟碱的积累能力是受遗传特性支配的（徐晓燕等，2001）。遗传特性不同时，烟碱含量差异很大；不同遗传特性的烤烟品种，其烟碱含量的变异系数为0.20%～7.87%（左天觉等，1993）。因此，可以选择烟碱含量适宜、烟叶品质满足工业需求的品种（如云烟99、云烟100、云烟105等）进行种植（李伟等，2017），但是这些品种在工业可用性上替代不了对红花大金元品种的需求。试验证明，烟碱主要是烟株根系合成后运输到烟叶中积累的，氮素是合成烟碱的必要元素，氮素的施用量越高，合成的烟碱也就越多，调整氮素用量是调控烟碱含量的关键农艺措施之一，对烟碱含量过高的区域，应适当少施氮肥（闫玉秋等，1996）。单位面积的施肥量相同，种植密度的增加使得单株烟的氮素供应量减少，从而有效降低红花大金元上部叶烟碱含量（孔德钧等，2012）。烤烟封顶、留叶是调节其营养水平的重要手段，在栽培措施中，封顶对烟碱积累所起的促进作用最大（徐晓燕等，2001）。烟碱含量过高区域，要想降低烟叶烟碱含量，则应适当晚封顶、提高封顶高度、多留叶。

由于生态环境属于不可控或难控制的因素，笔者研究认为可以通过施氮量、种植密度及封顶留叶等农艺措施来调控烟碱含量，在植烟土壤肥力中等的情况下，红花大金元烟碱含量调控的最优栽培技术措施为：亩施纯氮 3.0～4.0kg，留叶数 16～18 片，株行距 0.5m×1.2m，现蕾打顶。

（二）红花大金元品种"增钾"技术试验研究

1. 研究背景

烟叶含钾量是衡量烤烟品质的重要指标之一，含钾量高的烟叶香气量足、吃味好，填充性强，燃烧性好，焦油等有害物质产生量减少，可提高烟叶品质和安全性（吴玉萍等，2010）。美国、津巴布韦的烟叶钾含量多在 4%～6%，我国的烟叶钾含量却比较低，成为优质烟叶生产的限制因素之一。云南中部烟叶钾含量平均值为 1.73%，大于 2.0% 的样品分布比例仅为 24.86%，在全国处于中间水平，与湖南烟区、广西百色烟区相比尚有一定差距（邓小华等，2010）。云南烟区只有保山中部烟叶钾含量平均值大于 2.0%，文山、昆明、红河次之，曲靖最低。适值（≥2.0%）样品率保山最高达 53.06%，文山、昆明、红河均在 20% 左右，曲靖最低，仅有 17.04%。曲靖、昆明和红河烟区中，烟叶钾含量过低（<1.5%）的乡（镇）数量明显多于其他州（市），烟叶钾含量过低的乡（镇）数量最多的是曲靖（张静等，2017）。

据此，笔者选择烟叶钾含量偏低的区域，以主栽品种红花大金元为研究对象，开展"增钾"技术田间试验研究，以期为提高工业可用性提供科学依据。

2. 材料与方法

（1）试验地点与时间

试验地点：石林县板桥镇碧落甸村，海拔 1 665m，位于北纬 24°41′12.9″，东经 103°15′52″。

试验时间：2018 年 4 月 12 日至 8 月 10 日。

（2）供试土壤基本农化性状

试验地土壤类型为水稻土，土壤基本农化性状如下：土壤 pH 7.69，有机质 3.47%，速效氮 123.54mg/kg，有效磷 35.74mg/kg，速效钾 286.32mg/kg。

（3）试验设计与处理

试验采用随机区组设计的方法，共设 4 个处理，3 次重复，共 12 个小区，每个小区 60 株，田间随机排列，各处理设计如下：T1，常规施钾肥（专用复合肥＋硫酸钾，作 CK）；T2，底肥（商品有机肥＋专用复合肥＋胶质芽孢杆菌）＋有机水溶肥（兑水追施 2 次）＋叶面活性钾（叶面喷施 2 次）；T3，底肥（饼肥＋专用复合肥）＋增施钾肥（N：K_2O＝1：4）＋分施（移栽后 30d 常规追肥，60d、90d 各一次，追施比例 30%、50%、20%）；T4：膜下小苗移栽期（立体型保水缓控释多功能复合肥）＋破膜培土时（专用复合肥）＋硫酸钾。

（4）田间调查和样品分析

在封顶前调查有效叶数、打顶株高、腰叶长、腰叶宽，并计算腰叶面积，计算公式：叶面积加权平均值（cm^2）＝ $1/N \sum$［叶长×叶宽×叶面积系数(0.634 5)］，其中，N 为重复数，本试验重复数为 3。

在病害发生盛期进行病害发生情况调查。

按小区进行分级测产，计算产值、均价及各等级所占比例。

采集各小区上部（B2F）、中部（C3F）烟叶样品进行室内检测化学品质及外观质量打分。

（5）数据统计与分析

采用 EXCEL、DPS 等软件，运用统计学的方法，对数据进行多重比较和方差显著性分析。

3. 结果与分析

（1）不同处理对红花大金元农艺性状的影响

由表 5－11 可见，综合烤烟农艺性状各指标，红花大金元 T2、T3 处理均优于 T1（对照）常规施钾肥（专用复合肥＋硫酸钾）。以 T2 处理，即底肥（商品有机肥＋专用复合肥＋胶质芽孢杆菌）＋有机水溶肥（兑水追施 2 次）＋叶面活性钾（叶面喷施 2 次）表现最好；其次是 T3 处理，即底肥（饼肥＋专用复合肥）＋增施钾肥（N：K_2O＝1：4）＋分施（移栽后 30d 常规追肥，60d、90d 各一次，追施比例 30%、50%、20%）。T4 处理：膜下小苗移栽期（立体型保水缓控释多功能复合肥）＋破膜培土时（专用复合肥）＋硫酸钾表现稍差。

表 5-11   不同处理红花大金元烤烟农艺性状比较

处理	打顶株高（cm）	有效叶数（片）	腰叶长（cm）	腰叶宽（cm）	腰叶面积（cm²）
T1	97.7bA	16.8bA	67.8abA	29.3bcB	1 261.5bAB
T2	103.4aA	17.2aA	69.6aA	31.7aA	1 398.8aA
T3	100.5aA	17.4aA	68.2aA	30.5abAB	1 318abAB
T4	103aA	17.2aA	65.9bA	28.8cB	1 203.9bB

（2）不同处理对红花大金元经济性状的影响

由表 5-12 可见，红花大金元品种 T2、T3、T4 处理烟叶产量、产值及均价等经济性状均优于 T1（对照），以 T2 表现最好，其次 T4，均显著增加。

表 5-12   不同处理红花大金元烟叶经济性状比较

处理	产量（kg/亩）	产值（元/亩）	均价（元/kg）	上等烟比例（%）	中上等烟比例（%）
T1	86.6bA	2 245bA	25.4bA	45.0aA	74.7aA
T2	110.2aA	3 070aA	27.9aA	37.6bA	69.3bA
T3	104.5abA	2 839abA	27.1aA	44.3aA	70.1bA
T4	107.1aA	3 005aA	28.1aA	43.2aA	74.6aA

（3）不同处理对红花大金元病害发生的影响

由表 5-13 可见，相对于 T1（对照），红花大金元品种 T2 处理赤星病、黑胫病病情指数增加；T3 处理赤星病增加；T3 处理蚀纹病；T3、T4 处理黑胫病，T4 处理赤星病病情指数均显著降低。

表 5-13   不同处理红花大金元烤烟病情指数比较

处理	赤星病	蚀纹病	黑胫病
T1	0.39abA	4.04aA	15.0bA
T2	0.67aA	3.93aA	19.44aA
T3	0.53abA	3.33bA	14.44bA
T4	0.24bA	3.47abA	14.44bA

（4）不同处理对红花大金元烟叶外观质量的影响

由表 5-14 可见，红花大金元上部叶（B2F）和中部叶（C3F）外观质量 T2、T3、T4 处理均优于 T1（对照），其中，上部叶 T3 处理增加显著，中部叶 T2、T3、T4 处理均增加显著。

表 5 - 14　不同处理红花大金元烟叶外观质量比较

部位	处理	颜色	成熟度	叶片结构	身份	油分	色度	总分
B2F	T1	7.0aA	13.0aA	13.5aA	13.7aA	16.7aA	16.7aA	87.5bA
	T2	7.3aA	13.7aA	13.5aA	14.0aA	17.0aA	17.3aA	89.8abA
	T3	7.5aA	13.8aA	14.0aA	14.0aA	17.5aA	17.7aA	91.5aA
	T4	7.1aA	13.2aA	14.0aA	13.7aA	17.2aA	17.0aA	89.1abA
C3F	T1	7.4bB	14.0bB	14.5aA	14.0bB	17.5bB	17.0bB	91.4bB
	T2	7.5bAB	14.2bAB	14.5aA	14.2bAB	17.8bAB	17.3bAB	92.5bAB
	T3	7.6aA	14.5aA	14.5aA	14.5aA	18.5aA	18.0aA	94.6aA
	T4	7.6aA	14.5aA	14.5aA	14.5aA	18.5aA	18.0aA	94.6aA

注：总分中记入了长度（5 分）、残份（2 分），各处理一致，总分为各处理总分加权平均值，下同。

（5）不同处理对红花大金元烟叶化学品质的影响

由表 5 - 15 可见，红花大金元上部叶（B2F）钾含量 T2、T3、T4 处理均极其显著高于 T1（对照），钾含量从 1.2％提高到 1.5％或以上，且 T3 处理显著高于对照 T4，中部叶（C3F）钾含量 T2、T3、T4 处理均显著高于 T1（对照），钾含量从 1.27％提高到 1.6％左右；上部叶钾氯比 T2 显著高于其他处理，中部叶钾氯比 T2、T3、T4 处理均高于 T1（对照），且 T2 增加达到显著水平；氯离子含量均偏低（＜0.3％），各处理之间差异不显著。上部叶总氮、烟碱含量在大于适宜范围上限（总氮 2.0％～2.6％、烟碱 3.0％～3.8％）内 T2、T3、T4 处理均比 T1（对照）有所降低，中部叶在适宜范围内（总氮 1.8％～2.4％、烟碱 2.3％～3.2％）有所降低；氮碱比均在适宜范围，各处理之间差异不显著。上部叶总糖、还原糖含量在低于适宜范围（总糖 24％～31％、还原糖 21％～26％）T2、T3、T4 处理均比 T1（对照）显著增加，中部叶总糖、还原糖含量在适宜范围内（总糖 24％～33％、还原糖 20％～28％）显著降低；上部叶两糖差 T3 处理在适宜范围内（＜5）显著降低，T2 处理显著增加到 6，中部叶在超过适宜范围内（＜6）显著降低；上部叶糖碱比有所增加，中部叶有所降低。总体来看，上部叶内在化学成分协调性以 T3 处理综合表现最好，其次是 T2、T4，T1 综合表现最差；中部叶 T2、T3、T4 处理综合表现均显著好于对照 T1。

表 5 – 15　不同处理红花大金元烟叶内在化学成分比较

部位	处理	K（%）	Cl⁻（%）	钾氯比	总氮（%）	烟碱（%）	氮碱比	总糖（%）	还原糖（%）	两糖差	糖碱比
B2F	T1	1.21cB	0.19abA	6.6bA	3.23aA	4.51aA	0.72aA	21.8bA	17.5bA	4.3abA	3.9bA
	T2	1.53abA	0.16bA	9.4aA	2.79bA	4.00aA	0.71aA	27.5aA	21.5aA	6.0aA	5.7aA
	T3	1.61aA	0.24aA	7.9bA	3.09aA	4.43aA	0.70aA	22.8abA	19.7bA	3.1bA	4.8abA
	T4	1.48bA	0.21aA	7.2bA	3.02aA	4.25aA	0.71aA	24.2abA	19.5abA	4.7abA	4.6abA
C3F	T1	1.27bA	0.14aA	9.4bA	1.92bA	2.49aA	0.78aA	33.6aA	23.6aA	10.0aA	10.1aA
	T2	1.54aA	0.12aA	13.4aA	2.07aA	2.82aA	0.75aA	28.44bA	20.2bA	8.3bA	8.0bA
	T3	1.60aA	0.16aA	10.4bA	2.05aA	2.88aA	0.71aA	30.71bA	21.7bA	9.1bA	7.8bA
	T4	1.63aA	0.14aA	11.7abA	1.90bA	2.51aA	0.76aA	32.15aA	23.2aA	9.0bA	9.4aA

4. 讨论与结论

不同烟区烟叶钾含量差异，主要是品种、生产技术和生态气候条件造成的。不同烤烟品种对钾的吸收累积能力存在差异，按基因型对钾利用效率的高低分为四种类型：钾累积利用高效型、钾累积低效利用高效型、钾累积低效利用低效型和钾累积高效利用低效型（杨铁钊等，2009；王艺霖等，2012）。红花大金元对钾需求量高，云南烟区红花大金元平均含钾量在1.7%以上，低于2%的区域占76.43%，低于1.5%的区域占31.43%，主要受限于区域土壤速效钾含量和钾肥的用量不能满足红花大金元品种需求的限制（张静等，2017）。研究表明，钾肥的施用量在一定范围内与烟叶全钾含量存在极显著正相关关系（张鹏等，2002）。一般认为生产优质烟叶必须施用烟株最适产量和生长所需钾素的2～3倍，才能获得高钾含量的优质烟叶（曾洪玉等，2005）。根外施钾可以减少钾在土壤中的固定流失（潘秋筑等，1994）。叶面喷施钾肥，烟叶钾含量可以提高36.5%～50.0%（艾绥龙等，1997）。

本试验研究表明，增钾技术措施有利于红花大金元生长和经济性状改善，以及烟叶外观质量和内在成分协调性的提升。其中 T2 处理，即底肥（商品有机肥＋专用复合肥＋胶质芽孢杆菌）＋有机水溶肥（兑水追施2次）＋叶面活性钾（叶面喷施2次）和 T3 处理，即底肥（饼肥＋专用复合肥）＋增施钾肥（N：K_2O＝1：4）＋分施（移栽后30d常规追肥，60d、90d各一次，追施比例30%、50%、20%）田间生长综合表现较好；T4

处理，即膜下小苗移栽期（立体型保水缓控释多功能复合肥）＋破膜培土时（专用复合肥）＋硫酸钾综合表现稍差。烟叶钾含量从 1.2%～1.3%提高到 1.5%～1.6%，效果显著，钾氯比也有显著提高。

综上所述，由于生态环境属于不可控或难控制的因素，笔者认为根据各烟区基地的实际情况，对于因为土壤钾含量偏低或施钾量不足的区域，通过增施钾肥、调整钾肥种类和施用方法等生产技术措施，可以提高烟叶钾含量；而对于土壤钾含量较高而烟叶钾含量仍偏低的区域，应综合考虑选用钾累积利用高效型品种（如云烟85、K326、云烟87等），优化钾肥施用方式，及时打顶，摘除脚叶以及通过喷施外源生长调节剂来提高烟叶钾含量，从而提高烟叶工业可用性。

（三）红花大金元品种"降氯"技术试验研究

1. 研究背景

烟草是一种忌氯作物，但氯又是烟草生长发育所必需的营养元素之一，对烟叶品质和产量有重要影响（胡国松等，2000）。烤烟含氯量过高和过低均会降低烟叶产量、质量，尤其是当烟叶含氯高时，烟叶叶片厚而脆、无弹力、吸湿性强、燃烧性差、杂气重、品种差、利用价值低。当烟叶含氯低时，叶片枯燥、油分少、弹性差、成丝率低、香吃味变劣（李永忠等，1995；陈讯等，1995）。适量的氯能增加烟叶的弹性和油润性，降低烟叶破碎率，提高烟叶的内在品质，烟叶最佳含氯量为 0.3%～0.6%或 0.8%（温明霞等，2004；陈江华等，2004）。土壤中的氯含量是烟株氯营养的重要物质基础，其含量多少直接影响土壤的供氯能力。我国烟草种植的最适宜区域土壤氯离子含量不超过 30mg/kg（陈江华等，2008）。云南烟区中有 10%的区域土壤水溶性氯离子含量偏高（＞30.0mg/kg），导致烟叶氯含量偏高（＞0.6%）（张静等，2019），因此笔者选择土壤水溶性氯离子含量过高（＞45.0mg/kg）且烟叶氯含量过高（＞0.8%）的区域，以红花大金元为研究对象，探索降低烟叶氯离子的新产品和新途径，以期为提高工业可用性提供科学依据。

2. 材料与方法

（1）供试土壤基本农化性状

试验地土壤类型为水稻土，土壤基本农化性状如下：土壤 pH 7.91、有机质 45.39g/kg、碱解氮 150.77mg/kg、有效磷 19.91mg/kg、速效钾 161.26mg/kg、水溶性氯（Cl^-）73.85mg/kg（>45mg/kg）。

（2）试验设计与处理

采用随机区组设计的方法，开展田间小区试验研究，设 4 个处理，每个处理 3 次重复，共 12 个小区，每个小区 60 株，田间随机排列，各处理设计如下：T1，常规施肥作为对照（CK）；T2，常规施肥＋农用甲壳素；T3，常规施肥＋Cl^-通道抑制剂；T4，常规施肥＋石灰＋Cl^-吸附剂。

（3）田间调查和样品分析

在封顶前调查有效叶数、打顶株高、腰叶长、腰叶宽，并计算腰叶面积，计算公式：叶面积加权平均值（cm^2）$= 1/N \sum$ [叶长×叶宽×叶面积系数(0.634 5)]，其中，N 为重复数，本试验重复数为 3。

按小区进行分级测产，计算产值、均价及各等级所占比例。

采集各小区上部（B2F）、中部（C3F）烟叶样品进行室内检测化学品质及外观质量打分。

（4）数据统计与分析

采用 EXCEL、DPS 等软件，运用统计学的方法，对数据进行多重比较和方差显著性分析。

3. 结果与分析

（1）不同处理对红花大金元农艺性状的影响

由表 5-16 可见，相对于对照（T1），施用农用甲壳素、Cl^-通道抑制剂、Cl^-吸附剂对红花大金元生长的影响不显著。

表 5-16　不同处理红花大金元烤烟农艺性状比较

处理	打顶株高（cm）	有效叶数（片）	腰叶长（cm）	腰叶宽（cm）	腰叶面积（cm^2）
T1	120.2aA	17.2aA	79.8aA	31.9aA	1 614.7aA
T2	119.2aA	17.1aA	78.5aA	30.4aA	1 517.9aA
T3	123.8aA	17.3aA	79.2aA	31.1aA	1 565.5aA
T4	121.8aA	17.3aA	80.1aA	31.3aA	1 593.2aA

（2）不同处理对红花大金元经济性状的影响

从表 5-17 可以看出，T2、T3 处理红花大金元烟叶经济性状综合表现最好，其中 T2 处理产量、产值、均价及上等烟比例均显著增加，T3处理产量、产值显著增加，均高于 T1（对照）和 T4。

表 5-17 不同处理烤烟经济性状比较

处理	产量（kg/亩）	产值（元/亩）	均价（元/kg）	上等烟比例（%）	中上等烟比例（%）
T1	212.5bA	7 898bA	37.1bA	87.1bA	98.1aA
T2	220.2aA	8 591aA	39.0aA	91.2aA	99.7aA
T3	222.3aA	8 558aA	38.5abA	87.6bA	100aA
T4	213.7bA	8 048abA	37.6bA	86.3bA	99.6aA

（3）不同处理对红花大金元烟叶外观质量的影响

各处理之间红花大金元烟叶外观质量颜色、成熟度、叶片结构、身份、油分、色度等指标及总分值之间差异均达不到显著水平（表 5-18）。

表 5-18 不同处理烤红花大金元烟烟叶外观质量比较

部位	处理	颜色	成熟度	叶片结构	身份	油分	色度	总分
B2F	T1	7.8aA	14.5aA	14.0aA	13.5aA	18.0aA	18.5aA	93.3aA
	T2	7.8aA	14.5aA	14.0aA	13.5aA	18.0aA	18.5aA	93.3aA
	T3	7.7aA	14.5aA	13.8aA	13.5aA	17.7aA	18.5aA	92.7aA
	T4	7.8aA	14.5aA	14.0aA	13.5aA	18.0aA	18.5aA	93.3aA
C3F	T1	7.6aA	14.5aA	15.0aA	15aA	18.5aA	18.0aA	95.6aA
	T2	7.5aA	14.5aA	15.0aA	15aA	17.8aA	17.3aA	94.1aA
	T3	7.5aA	14.5aA	15.0aA	15aA	17.8aA	17.3aA	94.1aA
	T4	7.5aA	14.5aA	15.0aA	15aA	18.2aA	17.7aA	94.9aA

（4）不同处理对红花大金元烟叶化学品质的影响

由表 5-19 可见，红花大金元上部叶（B2F）和中部叶（C3F）钾的含量 T2、T3、T4 处理均比 T1（对照）显著增加，钾含量从 1.42%、1.53%分别提高到 1.5%～1.7%之间，氯离子含量严重超标（超标 2～3倍），钾氯比低于适宜范围下限（4～10），各处理对烟叶氯离子含量、钾氯的比值没有影响。T2、T3 处理上部叶、中部叶总氮含量在低于适宜范围内（上部 2%～2.6%、中部 1.8%～2.4%），烟碱含量均超过适宜范围，氮碱比均低于适宜范围，不同处理之间没有差异。上部叶总糖、还原糖含量及糖碱比在超过适宜范围上限的同时，比 T1（对照）有所增加；中部叶在超过适宜范围上限的同时，有所下降。总体来看，上部叶、中部烟叶内在成分协调性均以 T2、T3 综合表现较好，其次是 T4，T1（对照）综合表现最较差。

表 5 - 19　不同处理红花大金元烟叶内在化学成分比较

部位	处理	K（%）	Cl⁻（%）	钾氯比	总氮（%）	烟碱（%）	氮碱比	总糖（%）	还原糖（%）	两糖差	糖碱比
B2F	T1	1.42bA	1.21aA	1.18aA	1.96aA	4.32aA	0.46aA	39.1bA	29.7bA	9.4bA	7.0bA
	T2	1.53aA	1.23aA	1.25aA	1.90aA	4.32aA	0.44aA	39.6abA	30.6abA	9.1bA	7.2bA
	T3	1.52aA	1.21aA	1.25aA	1.85abA	4.33aA	0.43aA	40.3abA	31.2aA	9.1bA	7.2bA
	T4	1.49abA	1.23aA	1.22aA	1.75aA	3.72bA	0.47aA	41.9aA	30.7abA	11.2aA	8.3aA
C3F	T1	1.53bA	1.57aA	0.99aA	1.63aA	3.50aA	0.47aA	45.0aA	32.1aA	12.8aA	9.5aA
	T2	1.70aA	1.60aA	1.06aA	1.66aA	3.48aA	0.48aA	43.6bA	30.7bA	12.9aA	9.2aA
	T3	1.64abA	1.51abA	1.09aA	1.69aA	3.38aA	0.50aA	42.3bA	31.4abA	10.9bA	9.3aA
	T4	1.55bA	1.48bA	1.05aA	1.67aA	3.69aA	0.46aA	44.8abA	32.9aA	11.9abA	9.0aA

4. 讨论与结论

烤烟是公认的"忌氯作物"，生产上一直忌施含氯化肥。研究结果表明，我国主要烟区中绝大多数土壤氯含量偏低，尤其是西南烟区（徐安传等，2007）。河南植烟土壤平均含氯量为 42.25mg/kg，而福建、贵州、重庆、四川和云南等烟区植烟土壤含氯为 20mg/kg 左右，湖南有近 50% 的土壤氯供应不足（罗建新等，2005）。当前我国烟叶含氯量一般是黄淮海烟区较高，东北烟区低，西南烟区特别低，这与植烟土壤含氯量趋势基本一致（罗建新等，2005）。云南烟区仅有 28.23% 的土壤样本和 22.75% 的烟叶样本在适宜范围内，有 61.68% 的土壤样本和 71.33% 的烟叶样本氯含量低于适宜范围（张静等，2019），这与肖志新、谭军等人的研究结果相一致（肖志新等，2010；谭军等，2007）。而近年来，部分烟区烟叶含氯量有升高趋势，调查结果表明，主要原因有两个方面，一是烟草与需氯量大的农作物进行轮作，前后季轮作作物氯肥施用量过多残留于土壤，以及部分区域农家肥中氯含量高，会提高土壤中的氯含量；二是云南2009—2011 年连续干旱，降雨减少导致土壤氯离子淋洗量降低，地下灌溉水也带入相当数量的氯（张静等，2019）。

本研究表明，相对于对照，施用农用甲壳素、Cl⁻ 通道抑制剂、Cl⁻ 吸附剂对红花大金元生长和烟叶外观质量的影响不显著，施用农用甲壳素、Cl⁻ 通道抑制剂烟叶钾的含量比对照显著增加，钾含量从 1.5% 左右提高到 $1.6\%\sim1.7\%$，而由于氯离子含量严重超标（超标 2~3 倍），各处理对烟叶氯离子含量影响不显著，但钾氯比有所提高。钾氯比是反应烟叶燃烧性的一个质量指标，比值越高，烟叶的燃烧性越好，一般钾氯比在 4 以上燃烧性好，阴燃持火力强，在 2 以下则熄火（张喆等，2004）。由此可见，在无法短时间大幅度降低烟叶氯离子含量的情况下，可以考虑通过增施钾肥、调整钾肥种类和施用方法等生产技术措施，提高烟叶钾含量和钾氯比，从而抑制烟叶氯离子含量偏高带来的不良影响（周敏等，2020）。

三、红花大金元品种前茬作物筛选及周年养分平衡施肥技术试验研究

1. 研究背景

烟草作为我国一种重要的经济作物，具有不耐连作的特点，合理的耕作制度能改善土壤的理化性状，对烟叶品质具有促进作用（陈瑞泰等，1987；刘国顺等，2003；王欣英等，2006）。已有研究表明，烤烟的生长受到前茬茬口特性的影响（周兴华等，1993；刘方等，2002）。徐照丽等（2008）研究指出，前作种类、氮水平以及前茬作物与氮水平的交互作用极显著地影响烤烟氮肥利用率，也显著影响烤烟上等烟比例、产量和产值；烤烟较好的前茬作物为大麦和油菜。前茬作物不同烤烟的生长发育、产量和质量有明显差异（崔学林等，2009；彭云等，2010），其原因除与前茬作物引起的根际土壤微生物和残留的根系分泌物差异有关外，也与栽烟前土壤肥力差异和烟株生长期间土壤氮素矿化等养分供应差异有关（刘枫等，2011）。烤烟是产量、质量并重的作物。分析前茬作物对后作烤烟产量、质量的影响并且结合优化施肥有针对性地改进栽培措施非常重要。

因此笔者在昆明市寻甸县烟区同一地块研究了不同情况下（麦类、绿

肥、空闲）对红花大金元生长、烟叶产量与质量的影响及周年施肥改进措施，以期为云南某卷烟品牌烟区生态优质烟叶生产提供理论指导。

2. 材料与方法

（1）试验地点与时间

试验地点：昆明市寻甸县推广站，海拔 1 808m。

试验时间：2014 年 9 月至 2016 年 9 月。

（2）供试土壤基本农化性状

试验土壤为水稻土，土壤肥力中等，各处理在小春作物收获后，土壤基本农化性状如下（表 5 - 20）。

表 5 - 20　红花大金元各处理土壤基本农化性状

处理	pH	有机质（g/kg）	碱解氮（mg/kg）	有效磷（mg/kg）	速效钾（mg/kg）
绿肥	7.39	27.7	96	35.9	282
大麦	7.60	27.4	82	35.9	272
冬闲	7.40	30.4	96	46.5	387

（3）试验设计与处理

采用 2 因素 3 重复完全区组试验设计，A 因素为前茬作物，开展小春作物种植及冬季休闲，前茬早熟型大麦（A1）、前茬空闲（A2）、前茬紫花勺子绿肥（A3），小春季作物管理按照当地习惯进行；B 因素为对应种植品种红花大金元烤烟习惯施肥（B1）和周年养分平衡施肥（B2），各试验处理设计如下（表 5 - 21）。

表 5 - 21　试验处理编号及描述

处理编号	处理～施肥处理
A1B1	大麦～习惯
A1B2	大麦～平衡
A2B1	空闲～习惯
A2B2	空闲～平衡
A3B1	绿肥～习惯
A3B2	绿肥～平衡

　　烤烟习惯施肥（B1）：亩施纯 N 3.5kg/亩，N：P_2O_5：K_2O＝1：2：3.5；基追比＝3：2。基肥：腐熟农家肥干基用量 600kg/亩，烤烟专用复混肥（8：16：24）用量 14kg/亩，过磷酸钙（含 P_2O_5，16％）18kg/亩，环施。追肥（1次）：在团棵期（移栽后 25～35d），追施硝酸钾（13.5：44.5）用量 10kg/亩，硫酸钾（含 K_2O，50％）3kg/亩，兑水穴施。

　　烤烟周年养分平衡施肥（B2）：待小春作物收获后，根据不同轮作模式土壤养分实测数据和周年养分平衡调整烤烟纯氮总用量和 N：P_2O_5：K_2O 比值。亩施纯 N 用量 3.5～4kg，N：P_2O_5：K_2O＝1：1.5：2.5～3，调整基追比为 3：1：1。基肥：施纯氮的 60％左右，施烤烟专用复混肥（8：16：24）用量 26kg/亩，过磷酸钙 7～12kg/亩。腐熟农家肥用量 600kg/亩。第一次追肥：移栽后 10d 左右（还苗期～伸根期）追纯氮的 20％左右（追肥用硝酸钾）。第二次追肥：团棵期（移栽后 25～35d）追肥纯氮 20％左右（追肥用硝酸钾和硫酸钾）。

　　田间病虫害防治、采收、烘烤均按照当地优化管理标准进行。

　　（4）田间调查与样品分析

　　主要农艺性状和病害调查：在封顶前调查有效叶数、打顶株高、腰叶长、腰叶宽，并计算腰叶面积，计算公式：叶面积加权平均值（cm^2）＝ $1/N\sum$［叶长×叶宽×叶面积系数(0.634 5)］，其中，N 为重复数，本试验重复数为 3。在发病盛期调查主要病害发生情况（发病率、病情指数）。

　　按小区进行分级测产，计算产值、均价及各等级所占比例，采集各小区对上部（B2F）、中部（C3F）、下部（X2F）烟叶样品进行室内化学品质检测和外观质量打分；按处理进行上部（B2F）、中部（C3F）烟叶样品感官质量的分析。

　　（5）数据统计与分析

　　采用 EXCEL、DPS 等软件，对数据进行多重比较和方差显著性分析。

3. 结果与分析

　　（1）不同前茬作物及周年平衡施肥管理对红花大金元品种农艺性状的影响

　　2015 年、2016 年不同前茬作物处理对红花大金元农艺性状的影响表现为绿肥＞空闲＞大麦，周年养分平衡施肥处理下农艺性状好于习惯施肥（表5-22）。

表5-22 不同处理红花大金元农艺性状比较

年份	处理	有效叶数（片）	打顶株高（cm）	腰叶长（cm）	腰叶宽（cm）	腰叶面积（cm²）
2015	A1 大麦	18.3b	113.2b	60.6b	26.4a	1 018.4b
	A2 空闲	18.9ab	118.3ab	63.5a	27.1a	1 095.4ab
	A3 绿肥	19.1a	120a	65.5a	28a	1 170.4a
	B1 习惯施肥	18.7a	115.7a	62.4a	26.4b	1 048.5b
	B2 周年养分平衡	18.8a	118.6a	64a	28a	1 141a
2016	A1 前作大麦	18.7a	117.2a	69.8a	26.7a	1 205.3a
	A2 前作空闲	17.7b	117.5a	70.3a	26.6a	1 207.8a
	A3 前作绿肥	18.1ab	117.7a	71.2a	27.5a	1 254.7a
	B1 习惯施肥	17.9a	117.4a	69.3a	26.8a	1 200.2a
	B2 周年养分平衡	18.4a	117.5a	71.6a	27.1a	1 245.1a

（2）不同前茬作物及周年平衡施肥管理对红花大金元品种病害发生的影响

2015年试验地特色品种红花大金元发生的主要病害为根黑腐病。根黑腐病的发生直接导致植株在早期死亡，造成红花大金元严重减产；同时，有花叶病毒病发生，花叶病毒病发生严重程度相对较轻。红花大金元根黑腐病发病率/病情指数在前茬空闲时显著降低，花叶病毒病发病率/病情指数在前茬作物绿肥时较高；周年养分平衡施肥根黑腐病、花叶病毒病发病率/病情指数显著低于习惯施肥。

2016年试验地特色品种红花大金元主要发生的病害为番茄斑萎和黑胫病。番茄斑萎发病率为15%～30%，黑胫病发病率为5%～20%，现蕾期病死株率为10%～20%。前作大麦的番茄斑萎发病率和病死株率明显低于前作空闲和绿肥；周年养分平衡施肥处理时，番茄斑萎、黑胫病和病死株率比习惯施肥降低（表5-23）。

表 5 - 23　不同处理红花大金元病害发生情况比较

年份	处理	根黑腐病发病率（%）	花叶病毒病	
			发病率（%）	病情指数
2015	A1 大麦	7.8a	6.5b	2.2b
	A2 空闲	4.5b	7.0b	2.3b
	A3 绿肥	7.2a	10.7a	3.6a
	B1 习惯施肥	8.7a	11.9a	4.0a
	B2 周年养分平衡	5.5b	2.7b	0.9b

年份	处理	团棵期番茄斑萎发病率（%）	现蕾期	
			黑胫病发病率（%）	病死株率（%）
2016	A1 前作大麦	17.63b	14.42a	12.50b
	A2 前作空闲	25.96a	14.10a	17.31a
	A3 前作绿肥	23.08a	14.42a	16.35a
	B1 习惯施肥	23.50a	17.94a	15.81a
	B2 周年养分平衡	20.94a	10.68b	14.96a

（3）不同前茬作物及周年平衡施肥管理对红花大金元经济性状的影响

2015 年不同前茬作物处理红花大金元烟叶经济性状从优至劣依次为空闲＞大麦＞绿肥，周年养分平衡施肥处理烟叶经济性状好于习惯施肥。

2016 年 7 月试验田发生严重冰雹灾害，因此只能通过估算法估计亩产量的理论值（统计各小区损失烟叶的鲜叶重，并测定鲜叶水分含量），不同前茬作物及施肥处理之间红花大金元经济性状差异很小（表 5 - 24）。

表 5 - 24　不同处理红花大金元经济性状比较

年份	处理	单叶重（g）	亩产量（kg）	亩产值（元）	均价（元/kg）	上等烟（%）
2015	A1 前作大麦	10.4b	119.8b	3 218ab	26.9a	34.2a
	A2 前作空闲	11.0a	130.3a	3 450a	26.5a	36.3a
	A3 前作绿肥	10.8ab	116.7b	2 743b	23.5b	33.4a
	B1 习惯施肥	10.0b	117.8b	3 056a	25.9a	33.4a
	B2 周年养分平衡	11.1a	124.3a	3 299a	26.5a	35.8a

(续)

年份	处理	单叶重 (g)	理论产量 (kg/亩)	灾后实际产量 (kg/亩)
2016	A1 前作大麦	7.66a	109.3a	53.84a
	A2 前作空闲	8.30a	107.3a	56.07a
	A3 前作绿肥	8.63a	114.8a	60.89a
	B1 习惯施肥	8.05a	113.7a	57.47a
	B2 周年养分平衡	8.35a	107.2a	56.39a

（4）不同前茬作物及周年平衡施肥管理对红花大金元烟叶化学品质的影响

综合 2015 年、2016 年数据分析可见不同前茬作物对烟叶内在成分协调性的影响，前茬绿肥、空闲更有利于烟叶总氮、烟碱含量的提高；前茬大麦更有利于烟叶钾含量的提高。综合来看，前作绿肥、空闲烟叶内在化学成分协调性比大麦更好；养分周年平衡管理能提高烟叶总氮、烟碱及钾含量，其烟叶内在化学成分总体协调性比习惯施肥更好（表 5-25）。

表 5-25　不同处理红花大金元烟叶内在化学成分比较

年份	部位	处理	总糖 (%)	还原糖 (%)	总氮 (%)	烟碱 (%)	K_2O (%)	氯 (%)	淀粉 (%)	两糖差 (%)	糖碱比	氮碱比	钾氯比
2015	B2F	大麦	34.8a	29.7a	1.93a	2.38a	1.53a	0.12a	4.2a	5.1a	12.5a	0.81ab	14.6a
		空闲	33.9a	28.8a	2.04a	2.19a	1.40a	0.05a	4.5a	5.1a	13.2a	0.93a	33.0a
		绿肥	31.4a	25.9a	1.85a	2.65a	1.28a	0.08a	2.9a	5.5a	9.8b	0.70b	17.1a
		习惯	32.5a	27.0a	1.88a	2.34a	1.25b	0.05a	3.1a	5.4a	11.7a	0.81a	26.5a
		平衡	34.3a	29.2a	2.00a	2.47a	1.56a	0.11a	4.6a	5.1a	12.0a	0.82a	16.6a
	C3F	大麦	37.7a	32.1a	1.72a	1.93b	1.65a	0.09a	3.6a	5.7a	16.7a	0.90a	18.9a
		空闲	33.7b	29.1a	1.70a	2.13ab	1.46a	0.04b	2.4b	4.7b	13.7ab	0.80a	34.3a
		绿肥	34.2b	28.8a	1.76a	2.41a	1.28b	0.03b	2.5b	5.5a	12.0b	0.73a	39.3a
		习惯	35.2a	29.8a	1.58b	2.13a	1.29a	0.05a	2.6a	5.4a	14.1a	0.75a	27.5a
		平衡	35.2a	30.1a	1.87a	2.18a	1.64a	0.06a	3.1a	5.1a	14.1a	0.87a	34.1a
	X2F	大麦	34.6a	29.5a	1.63a	1.84a	1.73a	0.10a	3.4a	5.2a	16.0a	0.88a	18.9a
		空闲	31.9a	25.6a	2.01a	2.05a	1.97a	0.08a	2.9a	6.3a	13.6a	1.04a	25.5a
		绿肥	30.7a	24.9a	1.75a	2.41a	1.85a	0.07a	3.3a	5.8a	10.5a	0.73a	18.1a
		习惯	32.7a	26.5a	1.62a	1.80a	1.66ba	0.10a	2.6b	6.2a	15.1a	0.93a	19.5a
		平衡	32.1a	26.8a	1.97a	2.40a	2.04a	0.09a	3.80a	5.3a	11.6a	0.84a	22.2a

（续）

年份	部位	处理	总糖(%)	还原糖(%)	总氮(%)	烟碱(%)	K₂O(%)	氯(%)	淀粉(%)	两糖差(%)	糖碱比	氮碱比	钾氯比
	B2F	大麦	26.9a	19.7a	2.38b	2.04a	2.40a	0.13a	2.4a	7.2a	9.7	1.17a	18.9a
		空闲	27.0a	20.2a	2.40a	2.64a	2.34a	0.13a	2.5a	6.8a	7.7a	0.91c	17.6a
		绿肥	24.5a	18.0a	2.72a	2.55a	1.93a	0.11a	2.5a	6.5a	7.2a	1.06b	16.9a
		习惯	24.3a	17.3b	2.62a	2.48a	2.11a	0.12a	2.0b	7.0a	7.2a	1.06	17.6a
		平衡	27.9a	21.2a	2.39a	2.34a	2.34a	0.13a	3.0a	6.6a	9.1a	1.03	18.0a
2016	C3F	大麦	29.0a	21.4a	2.21a	2.56a	2.37a	0.12a	3.1a	7.6a	8.4a	0.86b	19.6a
		空闲	28.4a	21.8a	2.35a	2.20a	2.37a	0.14a	2.6a	6.6a	10.0a	1.07a	16.8ab
		绿肥	26.4a	20.8a	2.56a	2.44a	2.19a			5.6a	8.5a	1.05a	14.9b
		习惯	28.6a	22.2a	2.45a	2.53a	2.20a	0.13a	2.3a	6.4a	8.8a	0.98a	17.3a
		平衡	27.2a	20.5a	2.29a	2.27a	2.35a	0.14a	2.8a	6.8a	9.1a	1.01a	16.9a
	X2F	大麦	22.6a	17.5b	2.24a	1.88a	2.53a	0.15a	2.01a	5.2a	9.3b	1.19a	17.6
		空闲	26.8a	24.2a	2.07a	2.21a	2.37a	0.19a	2.02a	2.6a	11.0a	0.94c	12.9
		绿肥	20.0a	17.6b	2.14a	1.92a	2.28a	0.16a	2.01a	2.4a	9.1b	1.11b	14.2
		习惯	24.9a	20.9a	2.22a	2.09a	2.10b	0.15a	1.49b	4.0a	9.9a	1.07a	14.5
		平衡	21.4a	18.6a	2.08a	1.92a	2.68a	0.18a	2.53a	2.80a	9.6a	1.09a	15.3

（5）不同前茬作物及周年平衡施肥管理对红花大金元烟叶感官质量的影响

不同前茬作物特色品种红花大金元烟叶感官评吸质量的影响表现为，上部叶冬闲＞绿肥＞大麦，中部叶绿肥＞冬闲＞大麦。综合来看，前作绿肥、冬闲更有利于红花大金元烟叶感官评吸质量，养分周年平衡施肥处理稍好于习惯施肥（表5-26）。

表5-26　不同处理红花大金元感官评吸质量比较

部位	处理	劲头	浓度	香气质	香气量	余味	杂气	刺激性	燃烧性	灰色	得分	质量档次
	大麦	3.1a	3.0a	10.8a	15.8a	18.8a	13.8a	9.0a	3.0a	3.0a	74.0a	3.4a
	冬闲	3.0a	3.0a	11.5a	16.3a	19.0a	14.0a	9.0a	3.0a	3.0a	75.8a	3.6a
B2F	绿肥	3.1a	3.0a	10.8a	16.0a	18.8a	13.5a	9.0a	3.0a	3.0a	74.0a	3.5a
	习惯	3.1a	3.0a	10.8a	15.8a	18.7a	13.7a	9.0a	3.0a	3.0a	74.0a	3.4a
	平衡	3.0a	3.0a	11.2a	16.2a	19.0a	13.8a	9.0a	3.0a	3.0a	75.2a	3.5a

（续）

部位	处理	劲头	浓度	香气质	香气量	余味	杂气	刺激性	燃烧性	灰色	得分	质量档次
	大麦	3.0a	3.0a	11.5a	15.8a	19.0a	13.5a	9.0a	3.0a	3.0a	74.8a	3.5a
	冬闲	3.0a	3.0a	11.5a	16.3a	19.0a	14.0a	9.0a	3.0a	3.0a	75.8a	3.6a
C3F	绿肥	3.0a	3.0a	12.0a	16.3a	19.0a	14.5a	9.0a	3.0a	3.0a	76.8a	3.7a
	习惯	3.0a	3.0a	11.7a	15.8a	19.0a	14.0a	9.0a	3.0a	3.0a	75.5a	3.6a
	平衡	3.0a	3.0a	11.7a	16.3a	19.0a	14.0a	9.0a	3.0a	3.0a	76.0a	3.6a

注：总分不包括劲头、浓度和质量档次。总得分为加权平均值。计算方法：前作处理下（大麦、冬闲、绿肥）总得分＝1/2(习惯处理下总得分＋平衡处理下得总得分)；施肥处理下（习惯、平衡）总得分＝1/3(前作大麦处理下总得分＋前作冬闲处理下得总得分＋前作绿肥处理下得总得分)。

4. 讨论与结论

本研究表明不同前茬作物对红花大金元的影响总体表现为：绿肥、空闲＞大麦。2015年红花大金元主要发生的病害为根黑腐病，根黑腐病的发生直接导致植株在早期死亡，同时有相对较轻的花叶病毒病发生；红花大金元根黑腐病发病率/病情指数在前茬空闲时显著降低，花叶病毒病发病率/病情指数在前茬作物绿肥时较高。2016年红花大金元主要发生的病害为番茄斑萎和黑胫病，番茄斑萎发病率为15%～30%，黑胫病发病率为5%～20%，现蕾期病死株率为10%～20%，前作大麦的番茄斑萎发病率和病死株率明显低于前作空闲和绿肥。

养分周年平衡施肥处理下烤烟农艺性状、经济性状、烟叶内在化学成分和感官评吸质量表现优于习惯施肥，周年养分平衡施肥红花大金元根黑腐病、花叶病毒病、番茄斑萎病发病率/病情指数和病死株率显著低于习惯施肥。不同前茬种植后造成栽烟前土壤肥力差异，导致肥力差异的原因不仅与前茬作物施肥量有关，还与前茬作物本身的养分吸收特性有关，前茬作物土壤碳氮比、根际pH变化与速效氮的释放有关（叶旭刚等，2008；王勇等，2011）。有研究表明，不同前茬还能导致根际土壤微生物和残留的根系分泌物有所差异，也会影响后茬烤烟生长（张翔等，2012）。

烟草平衡施肥技术是根据土壤养分含量状况，烟草需肥规律以及肥效试验结果，选择适宜烟草生长的肥料品种、确定最佳施用量、施肥时期及施用方法的一项技术措施（董良早等，2010）。平衡施肥有利于培肥地力，实现烟草业的可持续发展（夏海乾等，2011）。通过不同前茬作物和优化施肥互作研究表明，单因素方面优化施肥好于习惯施肥。虽然前茬作物对烟株生长的影响结果不相同，但可以肯定的是，烟株生长明显受到前茬和施肥条件的影响，在生产中应选择适宜的前茬作物，同时注意生态条件的影响。综上所述，笔者认为在不同前茬作物、烤烟周年养分平衡的优化施肥条件下，烤烟前茬优选空闲，其次绿肥，再次是麦类等其他作物。

四、红花大金元品种合理移栽方式和最佳移栽期试验研究

1. 研究背景

烤烟膜下移栽是先移栽烟苗后覆盖地膜的栽培方式，移栽时应注意深栽，防止地膜阻碍烟株向上生长并烫伤叶片，同时在地膜上戳孔以增加膜下环境的通气性。膜下移栽能保持土壤的水分及热量不易散失，将易损失的热量向土壤深处传导，利于烟苗成活。与传统地膜覆盖移栽相比，膜下移栽在于将保温范围扩大到烟苗，从而有效抵御低温冻害。膜下移栽要求烟苗移栽较早，有利于避开农忙季节，实现精耕细作。膜下移栽要求的高起垄、深打塘能降低培土劳动强度，还能促进烟苗不定根系的发育，提高烤烟对肥料的吸收利用率，促进烟叶光合效率（周瑞增等，1999）。膜下移栽能有效隔绝烟蚜与烤烟在移栽前期的接触，其适时早栽下的烟苗能减少育苗后期的人工操作，降低病毒传播概率，并避开蚜虫高发期，进一步降低烟草病毒的传染，且地膜能隔绝地老虎等害虫将虫卵产到烟株周围，从而减少病虫害的发生（时修礼等，2002）。

烤烟是喜光作物，移栽期过早易导致烤烟大田前期光照不足，且会抑制光合作用相关酶的活性，使叶片中叶绿素含量低于正常水平，导致烟叶同化的干物质量减少，烟株正常生长发育所需有机物不足，同时烟叶细胞倾向于延长生长，细胞分裂速度放缓，烟株表现为生长速度减缓，烟茎纤弱，叶片数量少且薄，色素含量升高，成熟期不易落黄，烟叶烘烤后含梗率较高等（杨志清等，1998）。此外还会引起烤烟蛋白质、烟碱和全氮含量增高，淀粉、还原糖所占比例降低，香气质差且香气量不足，油分降低（刘国顺等，2007）。移栽期过迟又会使烤烟大田后期光照过强，易引起烤烟产生光抑制并减少叶绿素合成，烟叶栅栏组织和海绵组织细胞壁呈加厚

增长，机械组织发达，主脉突出，烟叶变厚变重，易造成"粗筋暴叶"（杨兴有等，2008），还会使烤烟加速衰老，提高蛋白质和叶绿素降解率，增加 H_2O_2 的累积量（古战朝等，2012），降低烟叶中还原糖的含量（张波等，2007），提高烟碱含量（戴冕等，1985），对烤烟品质产生不利影响。

综上所述，笔者以常规移栽时间膜上壮苗为对照，探索适宜于红花大金元品种的膜下小苗最佳移栽期，为红花大金元品种移栽方式和移栽期合理搭配提供实践依据。

2. 材料与方法

（1）试验地点与时间

试验地点：禄劝县翠华镇上麦地冲村，海拔 2 050m。

试验时间：2014 年 4 月 8 日至 9 月 1 日。

（2）供试土壤基本农化性状

供试土壤为红壤，土壤肥力高，土壤基本农化性状如下：土壤 pH 为 5.98，有机质含量 46.2g/kg，有效氮 177.1mg/kg，有效磷 40.5mg/kg，速效钾 286mg/kg。

（3）试验设计和处理

采用完全随机区组田间试验方法，共设 6 个处理，3 次重复，18 个小区，田间随机排布，每个小区 60 株。各处理设计如下（表 5 - 27）：

表 5 - 27　试验处理设计

处理	处理描述
T1	膜上壮苗（4 月 28 日移栽）
T2	膜下小苗（4 月 28 日移栽）
T3	膜下小苗（4 月 18 日移栽）
T4	膜下小苗（4 月 8 日移栽）
T5	膜上壮苗（5 月 8 日移栽）
T6	膜下小苗（5 月 8 日移栽）

以上各处理移栽烟苗，保持苗龄一致（膜下小苗移栽苗龄一般为 30～35d，苗高 5～8cm，4 叶一心至 5 叶一心）。

（4）种植规格、施肥与田间管理

种植规格和密度：株行距 1.1m×0.5m，每亩定植数为 1 210 株。

施纯 N 2.5kg/亩，N：P_2O_5：K_2O＝1：2：3；基追比＝2：3。基肥：

烤烟专用复混肥（12∶10∶24）用量 10kg/亩环施。追肥：在移栽后 35d 左右（团棵期）揭膜培土，追施烤烟专用复混肥（10∶12∶24）15kg/亩，过磷酸钙（含 P_2O_5，16％）12.5kg/亩，硫酸钾（含 K_2O，50％）用量 3kg/亩，穴施。

田间管理，烟叶采烤均按照当地优质烤烟生产要求进行。

（5）田间调查与样品分析

各小区大田生育期调查。

在封顶前调查有效叶数、打顶株高、腰叶长、腰叶宽，并计算腰叶面积，计算公式：叶面积加权平均值（cm^2）$= 1/N\sum$[叶长×叶宽×叶面积系数(0.634 5)]，其中，N 为重复数，本试验重复数为 3。

在病害发生盛期进行病害发生情况调查。

按小区进行分级测产，计算产值、均价及各等级所占比例。

采集各小区上部（B2F）、中部（C3F）烟叶样品进行室内检测、烟叶化学品质和感官质量的分析。

（6）数据统计与分析

采用 EXCEL、DPS 等软件，运用统计学的方法，对数据进行多重比较和方差显著性分析。

3. 结果与分析

（1）不同移栽方式和移栽时间对红花大金元主要生育期的影响

由表 5-28 可知，对于移栽方式相同的处理（膜下小苗移栽 T2、T3、T4、T6），烟苗移栽日期越早，其播种期至各生育期之间的天数越长。对于移栽日期相同的处理（T1 和 T2、T5 和 T6），膜上壮苗移栽的烤烟（T1、T5）播种期至生育期的天数显著高于膜下小苗（T2、T6）。

表 5-28　不同处理红花大金元烤烟主要生育期比较 [月/日（天数）]

处理	播种期	出苗期	成苗期	移栽期	团棵期	现蕾期（10%）
T1	2/10	3/7 (25)	4/24 (73)	4/28 (77)	6/16 (126)	7/4 (144)
T2	3/10	3/25 (15)	4/24 (45)	4/28 (49)	6/16 (98)	7/10 (122)
T3	2/25	3/17 (20)	4/14 (48)	4/18 (52)	6/10 (105)	7/4 (129)
T4	2/10	3/7 (25)	4/4 (53)	4/8 (57)	6/1 (111)	6/24 (134)
T5	2/10	3/7 (25)	4/24 (73)	5/8 (87)	6/22 (132)	7/9 (149)
T6	3/19	4/6 (18)	5/4 (46)	5/8 (50)	7/5 (108)	7/13 (116)

（续）

处理	现蕾期 （50%）	中心花开放期 （10%）	中心花开放期 （50%）	脚叶 成熟期	顶叶 成熟期	大田生育期 （d）
T1	7/8（148）	7/12（152）	7/17（157）	7/25（165）	8/25（196）	119
T2	7/14（126）	7/19（131）	7/23（135）	7/31（143）	8/26（169）	120
T3	7/7（132）	7/11（136）	7/16（141）	7/24（149）	8/21（177）	125
T4	6/30（140）	7/4（144）	7/8（148）	7/15（155）	8/16（187）	130
T5	7/13（153）	7/17（157）	7/22（162）	7/30（170）	8/28（199）	112
T6	7/16（119）	7/20（123）	7/26（129）	8/3（137）	9/2（167）	117

注：T4、T3、T2 的成苗期是指膜下小苗的成苗期（即4叶一心）。

（2）不同移栽方式和移栽时间对红花大金元农艺性状的影响

由表5-29可见，在膜下小苗移栽方式下，4月18日移栽表现最好，其次是4月8日和4月28日，5月8日移栽表现最差；在膜上壮苗移栽方式下，4月28日移栽表现最好；5月8日移栽，膜上壮苗稍优于膜下小苗；综合来看，4月18日膜下小苗移栽（T3）综合表现最好。

表5-29 不同处理红花大金元农艺性状比较

处理	有效叶数 （片）	打顶株高 （cm）	腰叶长 （cm）	腰叶宽 （cm）	腰叶面积 （cm²）
T1：膜上壮苗（4月28日）	19.0a	133.4a	75.6a	29.6a	1 421.6a
T2：膜下小苗（4月28日）	17.7c	115.5c	75.7a	29.6a	1 425.6a
T3：膜下小苗（4月18日）	18.5b	127.3ab	75.1a	30.3a	1 454.3a
T4：膜下小苗（4月8日）	18.5b	127.6ab	75.1a	29.9a	1 428.4a
T5：膜上壮苗（5月8日）	15.6d	108.4c	69.8b	28.6b	1 269.5bc
T6：膜下小苗（5月8日）	16.0d	113.0c	74.8a	27.6c	1 315.2bc

（3）不同移栽方式和移栽时间对红花大金元病害发生的影响

由表5-30可见，红花大金元根黑腐病的发生以4月8日和4月18日膜下小苗移栽发病率（病情指数）最为严重，高达20%以上，推迟移栽时间和膜上壮苗移栽，有利于抑制红花大金元根黑腐病的发生。

表 5-30 不同处理红花大金元根黑腐病发病情况比较

处理及编号	发病率（%）/病情指数
T1：膜上壮苗（4月28日）	15.0b
T2：膜下小苗（4月28日）	17.8b
T3：膜下小苗（4月18日）	20.6a
T4：膜下小苗（4月8日）	27.8a
T5：膜上壮苗（5月8日）	1.7c
T6：膜下小苗（5月8日）	13.3b

（4）不同移栽方式和移栽时间对红花大金元经济性状的影响

由表 5-31 可知，烟叶经济性状以 T3（4 月 18 日膜下小苗移栽）表现为最好，其次是 4 月 28 日和 5 月 8 日膜下小苗移栽及 5 月 8 日膜上壮苗移栽，再次是 4 月 8 日膜下小苗移栽，T1（4 月 28 日膜上壮苗移栽）较差。

表 5-31 不同处理红花大金元烟叶经济性状比较

处理	产量（kg/亩）	产值（元/亩）	均价（元/kg）	上等烟比例（%）
T1：膜上壮苗（4月28日）	92.3b	2 120.7d	23.1c	23.6bc
T2：膜下小苗（4月28日）	105.6ab	2 554.3bc	24.3bc	27.4b
T3：膜下小苗（4月18日）	109.3a	2 949.5a	27.2a	36.8a
T4：膜下小苗（4月8日）	76.8c	2 389.2c	26.4b	25.3a
T5：膜上壮苗（5月8日）	100.9ab	2 500.1bc	24.8bc	21.1bc
T6：膜下小苗（5月8日）	107.0a	2 636.5b	24.6bc	28.5c

（5）不同移栽方式和移栽时间对红花大金元烟叶化学品质的影响

由表 5-32 可见，对于移栽方式相同的处理（膜下小苗移栽），4 月 18 日（T3）移栽烟叶内在化学成分协调性为最好；膜上壮苗移栽烟叶内在化学成分协调性优于膜下小苗移栽。

表 5 - 32　不同处理红花大金元烟叶内在化学成分比较

部位	处理	总糖 (%)	还原糖 (%)	总氮 (%)	烟碱 (%)	K₂O (%)	氯 (%)	淀粉 (%)	两糖差 (%)	糖碱比	氮碱比	钾氯比
B2F	T1	25.1	24.0	3.51	3.82	1.94	0.50	2.7	1.1	6.3	0.92	3.9
	T2	25.2	24.2	3.94	4.95	1.21	1.30	1.4	1.0	4.9	0.80	0.9
	T3	22.3	18.4	3.46	4.35	2.00	1.14	3.2	3.9	4.2	0.80	1.8
	T4	23.9	20.4	3.33	4.14	1.64	1.46	1.9	3.5	4.9	0.81	1.1
	T5	19.2	16.3	3.75	4.18	2.24	0.93	1.6	2.9	3.9	0.90	2.4
	T6	19.1	16.4	3.74	4.51	1.27	1.32	1.8	2.7	3.6	0.83	1.0
C3F	T1	24.5	20.7	2.65	3.30	1.94	1.06	2.0	3.8	6.3	0.80	1.8
	T2	28.3	24.0	2.22	2.37	1.27	0.62	1.8	4.3	10.1	0.94	2.1
	T3	20.5	16.3	2.50	2.55	2.02	0.95	4.1	4.2	6.4	0.98	2.1
	T4	22.1	18.9	2.55	2.56	1.82	0.69	1.7	3.2	7.4	1.00	2.6
	T5	19.4	15.6	2.79	2.87	2.12	0.79	1.6	3.8	5.4	0.97	2.7
	T6	27.6	22.0	2.16	2.37	1.88	0.93	3.1	5.6	9.3	0.91	2.0

（6）不同移栽方式和移栽时间对红花大金元烟叶感官质量的影响

由表 5 - 33 可见，对于移栽方式相同的处理（膜下小苗移栽 T2、T3、T4、T6），4 月 18 日膜下小苗移栽（T3）烟叶感官评吸质量最好，其次是 4 月 28 日膜下小苗移栽（T2），5 月 8 日膜下小苗移栽（T6）表现相对较差；膜上壮苗移栽优于膜下小苗移栽，5 月 8 日膜上壮苗移栽（T5）优于 4 月 28 日膜上壮苗移栽（T1）。

表 5 - 33　不同处理红花大金元烟叶感官评吸质量比较

部位	处理	香型	劲头	浓度	香气质	香气量	余味	杂气	刺激性	燃烧性	灰色	得分	质量档次
B2F	T1	中间香	3.5	3.5	10.5	15.0	18.5	13.0	8.5	2.0	2.0	69.5	3.1
	T2	中间香	3.5	3.5	10.0	15.0	18.0	13.0	8.5	2.0	2.0	68.5	3.0
	T3	中间香	3.5	3.5	10.5	15.5	18.5	13.5	8.5	2.0	2.0	70.5	3.2
	T4	中间香	3.5	3.5	10.0	15.0	18.0	12.5	8.0	2.0	2.0	67.5	2.8
	T5	中间香	3.5	3.5	10.5	15.0	18.5	13.5	8.5	2.0	2.0	70.0	3.2
	T6	中间香	4.0	4.0	10.0	15.0	18.0	12.0	8.0	2.0	2.0	67.0	2.7

（续）

部位	处理	香型	劲头	浓度	香气质	香气量	余味	杂气	刺激性	燃烧性	灰色	得分	质量档次
	T1	清偏中	3.0	3.0	10.5	15.5	18.5	13.0	8.5	2.0	2.0	70.0	3.2
	T2	清香型	3.0	3.0	11.0	15.5	19.0	13.5	9.0	2.0	3.0	73.0	3.4
C3F	T3	清香型	3.0	3.0	11.0	16.0	19.0	14.0	9.0	2.0	3.0	74.5	3.6
	T4	清偏中	3.0	3.0	10.5	15.5	18.5	13.0	9.0	2.0	3.0	71.5	3.3
	T5	清香型	3.0	3.0	11.0	16.0	19.0	14.0	9.0	2.0	3.0	74.0	3.5
	T6	清香型	3.0	3.0	10.5	15.5	19.0	13.5	9.0	2.0	3.0	72.5	3.4

注：总分不包括劲头、浓度和质量档次。总得分为加权平均值。计算方法：前作处理下（大麦、冬闲、绿肥）总得分＝1/2（习惯处理下总得分＋平衡处理下得总分）；施肥处理下（习惯、平衡）总得分＝1/3（前作大麦处理下总得分＋前作冬闲处理下得总得分＋前作绿肥处理下得总得分）。

4. 小结

综合考虑红花大金元烤烟农艺性状、经济性状、烟叶内在化学成分及感官评吸质量，4月18日膜下小苗移栽表现最好，而红花大金元根黑腐病的发生以4月8日和4月18日膜下小苗移栽发病率最为严重，高达20％以上。因此，推迟移栽时间和膜上壮苗移栽，有利于抑制红花大金元根黑腐病的发生，4月28日及以后时间移栽，宜采用膜上壮苗移栽。

五、红花大金元品种膜下小苗移栽不同揭膜培土时间试验研究

1. 研究背景

近年来全国各烟区对膜下移栽技术进行了大量的探索，证明烤烟小苗膜下栽培技术能够有效减缓烤烟移栽期低温对烟苗生长的不利影响，能起到抗旱保墒、提高烟苗成活率的作用（杨举田等，2008），此外，还可以预防病虫害、提高烟叶产量和产值，增加烟农收益（孔银亮等，2011；杨于峰等，2013；宋国华等，2013；布云虹等，2013）。这些研究多集中在膜下小苗移栽对烤烟生长的影响（周思瑾等，2010；闫柱怀等，2014），对烟叶品质，特别是对烟叶感官评吸质量及致香物质的研究较少。保山龙川江流域属低热河谷区域，其早植烤烟从当年11月上中旬育苗，翌年

1月中下旬移栽，烤烟移栽期较云南其他地区早3个月左右，且生产气候存在日温差大、降雨少、空气相对湿度较小等问题，给早植烤烟生产带来了困难（杨家波等，2009；何晓健等，2011）。

因此，笔者以保山早植烤烟为研究对象，探讨了膜下小苗移栽不同揭膜培土时间对其品质的影响，旨在提高烟叶品质，完善该区域特色优质烟叶栽培技术。

2. 材料与方法

（1）试验地点与时间

试验于2016年在云南省保山市龙陵县龙江乡腊嘎坝村进行。

（2）供试土壤基本农化性状

试验土壤为水稻土，土质为沙壤土，肥力中等，其中土壤有机质含量为30.2g/kg，有效氮含量为120.4mg/kg，有效磷10.1mg/kg，速效钾含量为97.8mg/kg。

（3）试验设计与处理

根据膜下小苗移栽后不同揭膜培土时间设5个处理：T1，移栽后10d揭膜培土；T2，移栽后15d揭膜培土；T3，移栽后20d揭膜培土；T4，移栽后25d揭膜培土；CK，按常规方式移栽（膜上壮苗移栽）。每个处理重复3次，田间随机排列，每个小区面积66.7m²，株行距为110cm×50cm。

以上各处理施用纯氮60kg/hm²。其他田间管理措施按保山市优质烤烟栽培管理进行。

（4）样品采集与分析

每个小区取有代表性的C3F（中橘三）烟叶样品，用于室内烟叶内在化学成分、外观质量、感官质量及致香物质成分分析。

（5）数据处理与分析

采用EXCEL2007进行数据处理，采用SPSS16.0进行统计分析和方差分析，采用Duncan法进行多重比较。

3. 结果与分析

（1）不同揭膜培土时间对红花大金元烟叶化学成分及协调性的影响

由表5-34可知，各处理烤烟烟叶化学成分比较协调，与对照有显著差异。其中T2处理的总糖和还原糖含量最高，T1处理的总糖含量最低，

T4 处理的还原糖含量最低。含氮化合物方面，T4 处理的总氮和烟碱含量最高，T1 处理的最低。T2 处理的钾离子含量最高、燃烧性最好，T1 处理最低，其他处理差异不显著。此外，根据烟叶糖碱比、氮碱比综合分析得知，T2 处理的烟叶化学成分协调性优于其他处理。

表 5－34　不同处理红花大金元中部烟叶化学成分比较

处理	总糖（%）	还原糖（%）	总氮（%）	烟碱（%）	总钾（%）	总氯（%）	糖碱比	氮碱比
T1	32.36d	26.51c	1.60d	1.84d	1.21c	0.25ab	14.41	0.87
T2	33.77a	27.89a	1.84b	2.06bc	1.51a	0.23b	13.54	0.89
T3	33.03b	27.29b	1.73c	1.96cd	1.38b	0.29a	13.92	0.88
T4	32.65c	25.41d	2.08a	2.38a	1.39b	0.27ab	10.68	0.87
CK	32.94b	26.39c	1.91b	2.17b	1.33b	0.26ab	12.16	0.88

（2）不同揭膜培土时间对红花大金元烟叶外观质量的影响

对比各处理烤后烟叶外观质量评价结果（表 5－35）可知，各处理烟叶外观整体特征均表现为成熟、橘黄、疏松、油分稍有至有、身份中等、色度中至强。其中 T2 处理外观质量指标表现最好，得分最高；T1 处理和对照相比，除成熟度外，其余各指标表现一致，差异不显著。

表 5－35　不同处理红花大金元中部烟叶外观质量比较

处理	成熟度	颜色	叶片结构	油分	色度	身份	总分
T1	12.31e	6.16d	12.47d	14.37d	13.23d	12.53c	71.06d
T2	13.69a	7.08a	13.65a	15.64a	15.20a	12.91a	78.17a
T3	13.13b	6.83b	13.25b	15.20b	14.38b	12.80b	75.57b
T4	12.90c	6.40c	12.73c	14.99c	13.67c	12.73b	73.42c
CK	12.49d	6.17d	12.45d	14.46d	13.13d	12.46c	71.14d

（3）不同揭膜培土时间对红花大金元烟叶感官质量的影响

由表 5－36 可知，T2、T3 处理与其他相比，烟叶的感官质量评价结果较好，香气质、香气量、浓度、刺激性和余味表现较好，且差异不显著。从杂气指标来看，只有 T2 处理表现最好，其他各处理差异不显著；刺激性方面各处理均无明显差异。

表 5-36   不同处理红花大金元中部烟叶感官质量比较

处理	香气质	香气量	浓度	杂气	刺激性	余味
T1	6.42c	6.60b	6.32c	5.60b	6.67a	6.69c
T2	7.11a	7.29a	7.12a	7.62a	6.80a	7.26a
T3	7.05a	7.24a	7.02a	6.38b	6.56a	7.13a
T4	6.80b	6.65b	6.54b	6.19b	6.56a	6.92b
CK	6.32c	6.40c	6.40bc	5.79b	7.41a	6.86b

（4）不同揭膜培土时间对红花大金元烟叶香气成分的影响

不同揭膜培土时间对烟叶香气成分的影响见表 5-37。从香气总量上看，T2 处理烟叶的香气物质含量最高，T1 最低，且二者差异显著，其余两个处理的香气物质与对照相比，差异不显著。各处理的苯丙氨酸类香气物质总量，T2 最高，T3 最低。其中 T2 处理只有苯乙醛较低，其他成分均较高。美拉德反应产物类香气物质总量以 T2 处理为最高，对照最低，且 T1、T4 处理与对照差异不显著。类胡萝卜素类、β-大马酮、β-二氢大马酮等都有明显的致香作用、巨豆三烯酮能增加烟叶中的花香和木香特征，各处理中，T2 处理的类胡萝卜素类香气成分含量最高，其余各处理与对照相比，差异不显著；β-大马酮各处理均较对照差异显著；对照的β-二氢紫罗兰酮和β-二氢大马酮含量则最高。茄酮能增加烟草本香，使烟气丰满又醇和细腻，各处理中，以 T4 处理最高，T1 含量最低。新植二烯能增进烟叶的吃味和香气，有一种令人愉快的气味，各处理中以 T2 含量最高，T1 含量最低，T3、T4 和对照差异不显著。

表 5-37   不同处理红花大金元中部烟叶香气成分比较

类别	香气物质	T1	T2	T3	T4	CK
苯丙氨酸类	苯甲醛	0.122b	0.198a	0.121b	0.074d	0.933c
	苯甲醇	1.740c	3.248a	1.442c	3.638a	2.715b
	苯乙醛	0.442bc	0.385c	0.460b	0.397c	0.609a
	苯乙醇	1.744b	3.131a	1.513b	1.742b	2.577a
	小计	4.048c	6.962a	3.237c	5.850b	5.995b

（续）

类别	香气物质	T1	T2	T3	T4	CK
美拉德反应产物类	糠醛	2.278b	4.086a	4.219a	2.429b	2.315b
	糠醇	0.391c	0.509b	0.733a	0.380c	0.365c
	乙酰基呋喃	0.769a	0.541bc	0.294d	0.666ab	0.369cd
	5-甲基-2-糠醛	0.171a	0.155a	0.138a	0.195a	0.148a
	2-戊基呋喃	0.405a	0.392a	0.398a	0.260b	0.220b
	2-（2-戊烯基）呋喃	0.023b	0.047ab	0.058a	0.055ab	0.043ab
	3,4-二甲基-2,5-呋喃二酮	0.153c	0.358a	0.154c	0.179c	0.276b
	2-乙酰基吡咯	0.057a	0.075a	0.093a	0.059a	0.056a
	小计	4.248b	6.329a	6.086a	4.207b	3.807b
类胡萝卜类	6-甲基-5-庚烯-2-酮	1.210a	0.782b	0.786b	0.686b	0.672b
	芳樟醇	0.332b	0.736a	0.203c	0.152c	0.126c
	氧化异佛尔酮	0.326ab	0.584a	0.213b	0.210b	0.575a
	β-大马酮	11.470a	12.232a	10.541a	11.197a	8.682b
	香叶基丙酮	3.169a	2.516a	2.535a	1.675b	2.633a
	β-紫罗兰酮	1.959d	3.210a	2.813bc	2.565b	2.937ab
	β-二氢紫罗兰酮	1.874c	2.636ab	2.530ab	2.200bc	2.748a
	二氢猕猴桃内酯	1.661b	2.604a	2.455a	1.589b	2.260a
	巨豆三烯酮 A	1.369b	2.606a	1.754b	1.594b	1.358b
	巨豆三烯酮 B	2.692ab	2.370ab	2.747a	2.219b	2.646ab
	巨豆三烯酮 C	1.881a	2.317a	1.933a	1.837a	2.237a
	巨豆三烯酮 D	2.390b	3.192a	2.711ab	2.370b	2.544b
	β-二氢大马酮	1.553a	1.536a	1.563a	1.935a	1.985a
	法尼基丙酮	1.818ab	1.656ab	2.490a	1.502b	2.044ab
	小计	33.702b	38.977a	35.275ab	31.729b	33.446b
类西柏烷类	茄酮	22.960c	25.100b	24.733b	27.499a	26.105ab
	小计	22.960c	25.100b	24.733b	27.499a	26.105ab
其他		17.221b	19.048ab	19.074ab	19.000ab	20.978a
新植二烯类		288.178b	313.628a	305.088ab	293.707ab	302.550ab
总计		371.355b	410.044a	393.831ab	381.992b	392.880ab

注：总计数值为各处理总计后的加权平均值。

4. 讨论与结论

本试验表明，膜下小苗移栽后不同揭膜培土时间对保山早植烤烟品质有显著影响。其中移栽后 15d 揭膜培土，烤后烟叶化学成分协调、外观和感官质量得分较高，香气成分总量最高。移栽后 20d 和 25d 揭膜培土，其烤后烟叶品质均较常规移栽有不同程度的提高。而移栽后 10d 揭膜培土，烤后烟叶品质表现较差。

保山龙川江流域早植烟叶因无霜期长、大田生长期降水量充沛等原因，移栽节令较早，因此也有其独特的栽培技术。膜下小苗移栽有保墒增湿的效果，但必须适时揭膜才能保证其生长发育良好、烟叶品质较高。该地区气温在移栽后一般增加迅速，应适当提前揭膜培土，否则会灼伤幼苗，诱发烟草黑胫病等（肖汉乾等，2002）。

本试验中，移栽 15d 后揭膜培土，烤后烟叶品质逐步下降，可能是因为气温逐步上升，膜下烟苗受到高温胁迫，造成早花，内含物质不充分。移栽 10d 揭膜培土，其烤后烟叶品质最差，可能是因为当年移栽后突然降温，根系还未发育。膜下小苗移栽会造成用工量增加，烤烟种植成本提升，但其保墒能力较强，烟叶品质提升明显，在各大烟区推广较快。各地区的生态条件不一致，应因地制宜，适时揭膜培土，保证生产出品质优异的特色烟叶。

六、红花大金元种植密度、单株留叶数、施氮量合理搭配试验研究

1. 研究背景

烟草的种植密度、施氮量及打顶留叶是烟叶生产过程中最基础的栽培技术，同时也是影响烟叶产量、质量的关键因素。研究表明，种植密度、施氮量及留叶数与烟叶的产量呈正相关关系，在一定范围内增加种植密度、施氮量及留叶数均可增加烟叶的产值（杨军章等，2012；周亚哲等，2016；吴帼英等，1983）；但种植密度、施氮量偏大或偏小，都不利于烟叶品质的形成，进而降低经济效益及工业可用性（沈杰等，2016；杨隆飞等，2011）。研究发现，适当增加留叶数，有利于减少烟叶中烟碱的含量，增加中性致香物质的含量，对于提高上部叶的质量有重要作用（高贵等，

2005；邱标仁等，2000；史宏志等，2011）。只有适宜的种植密度、施氮量及留叶数才可使烟叶获得较高的经济效益，较好的内在质量，因此，这三者一直是烟草科学研究的重点。

因此笔者通过种植密度、施氮量及留叶数对红花大金元农艺性状、外观质量、内在化学成分及经济性状等方面的影响，探究出红花大金元在本地适宜的种植密度、施氮量及留叶数，为红花大金元在本地的种植及推广提供理论基础。

2. 材料与方法

（1）试验地点和时间

试验地点：麒麟区潇湘乡石灰窑村委会上铁路村张家柱承包地，位于东经 $103°41'17.2''$，北纬 $25°25'29.3''$，海拔 2 033m。

试验时间：2014 年 3 月 27 日至 28 日移栽，8 月 20 日采收完毕。

（2）供试土壤基本农化性状

土壤类型为冲积型水稻土，土壤肥力中等偏上，地势平坦，浇灌方便。土壤基本农艺性状如下：土壤 pH 为 4.97，有机质 48.36g/kg，有效氮 160.74mg/kg，有效磷 36.36mg/kg，速效钾 197.15mg/kg。

（3）试验设计与处理

试验设计以种植密度、单株留叶数、施氮量 3 因素 3 水平按 L9（3^4）正交型表安排田间试验。试验共设 9 个处理、3 次重复，27 个小区，田间完全随机排列。每个小区面积 48.4m²。

A 为种植密度：设 A1、A2、A3 3 个处理，行距一致为 1.1m，对应株距分别为 0.45m、0.5m、0.55m。B 为单株留叶数：设 B1、B2、B3 3 个处理，分别于打顶时保留 16 片、18 片、20 片叶。C 为施氮量：设 C1、C2、C3 3 个处理，纯氮施用量分别为每亩 3kg、4kg、5kg（N：P_2O_5：K_2O＝1：1.5：3）。各处理组合如下：T1，A1B1C1；T2，A1B2C3；T3，A1B3C3；T4，A2B1C2；T5，A2B2C3；T6，A2B3C1；T7，A3B1C3；T8，A3B2C1；T9，A3B3C2。

处理 1、处理 2、处理 3 种植规格为 2 行×49 株＝98 株；处理 4、处理 5、处理 6 种植规格为 2 行×44 株＝88 株；处理 7、处理 8、处理 9 种植规格为 2 行×40 株＝80 株。

田间栽培、管理、采烤均按照当地优质烤烟标准生产技术进行。

（4）田间调查与样品分析

主要农艺性状：打顶株高，有效叶数，茎围，节距，腰叶长、腰叶宽，腰叶面积（计算方法同前文所示），单叶重。按小区进行主要经济性状统计分析，指标包括产量、产值、均价、上等烟比例、中上等烟比例等。按小区采集上部（B2F）、中部（C3F）烟叶样品分析化学品质和外观质量打分。

（5）数据统计与分析

采用 EXCEL、DPS 等软件，运用统计学的方法，对数据进行多重比较和方差显著性分析。

3. 结果与分析

（1）不同处理对红花大金元农艺性状的影响

由表5-38、表5-39可见，单因素下留叶数对茎围和节距有显著影响，B1（16片叶）茎围显著增加，B3（20片叶）节距显著增加，A3（株距0.55m）上、中部单叶重显著增加，其他单因素处理下农艺性状无显著差异。

表5-38　单因素下红花大金元农艺性状比较

处理	打顶株高（cm）	茎围（cm）	节距（cm）	腰叶长（cm）	腰叶宽（cm）	腰叶面积（cm²）
A1	116.9a	9.4a	4.66a	70.3a	24.5a	1 095.7a
A2	118.8a	9.65a	4.65a	70.3a	24.9a	1 110.8a
A3	115.4a	9.37a	4.66a	71.8a	25.4a	1 156.7a
B1	114.3a	9.68a	4.69ab	71.4a	25.3a	1 147.2a
B2	118.1a	9.21b	4.57b	70.2a	24.6a	1 097.9a
B3	118.7a	9.53ab	4.71a	70.8a	24.9a	1 118.1a
C1	116.9a	9.47a	4.64a	70.9a	24.9a	1 120.1a
C2	116.9a	9.5a	4.69a	70.2a	24.7a	1 106.9a
C3	117.4a	9.46a	4.64a	71.1a	25.1a	1 136.2a

由表5-39、表5-40可见，红花大金元配套技术试验互作处理之间茎围、节距表现出差异。T6、T4、T1、T7 茎围显著高于 T8，其中 T6 最大，T8 最小；T9 节距显著高于 T8；不同处理之间打顶株高、腰叶长、腰叶宽和叶面积差异不显著。T7、T9 单叶重显著增加。

综合农艺性状来看，T7 田间表现最好，其次是 T9 和 T6。

表 5 - 39　不同处理下红花大金元单叶重比较（g）

处理	上部 (B2F)	中部 (C3F)	下部 (X2F)	单因素 处理	上部 (B2F)	中部 (C3F)	下部 (X2F)
T1	8.1b	8.6abc	7.2a	A1	8.2b	8.2b	7.8a
T2	8.3ab	7.9c	7.9a	A2	9.3ab	9.2ab	7.1a
T3	8.2ab	8.1abc	8.4a	A3	9.9a	9.8a	7.6a
T4	9.2ab	9.6abc	7a	B1	9.2a	9.3a	7.4a
T5	9.5ab	9.1abc	7.1a	B2	9a	8.9a	7.3a
T6	9.3ab	8.8abc	7.3a	B3	9.3a	9a	7.9a
T7	10.3a	9.9a	8a	C1	8.9a	9.1a	7.2a
T8	9.3ab	9.7ab	6.9a	C2	9.3a	9.1a	7.6a
T9	10.3a	9.9a	7.9a	C3	9.3a	9a	7.8a

表 5 - 40　互作因素处理下红花大金元农艺性状比较

处理	打顶株高 (cm)	茎围 (cm)	节距 (cm)	腰叶长 (cm)	腰叶宽 (cm)	腰叶面积 (cm²)
T1	115.3a	9.65a	4.71ab	70.9a	24.7a	1 112.9a
T2	116.9a	9.2ab	4.59ab	69.8a	24.3a	1 082.2a
T3	118.6a	9.31ab	4.68ab	70.3a	24.5a	1 092.0a
T4	115.5a	9.76a	4.69ab	70.0a	24.9a	1 106.9a
T5	121.5a	9.42ab	4.58ab	70.0a	24.6a	1 094.8a
T6	119.2a	9.78a	4.67ab	70.9a	25.1a	1 130.6a
T7	112.0a	9.63a	4.66ab	73.2a	26.3a	1 221.7a
T8	116.0a	8.97b	4.53b	71.0a	24.8a	1 116.9a
T9	118.3a	9.50ab	4.78a	71.2a	25.0a	1 131.6a

（2）不同处理对红花大金元经济性状的影响

由表 5 - 41、表 5 - 42 可见，单因素之间经济性状均无显著差异。互作处理下烟叶产量以 T5 最高，其次是 T6，T7 产量显著降低；烟叶产值以 T1 为最高，其次是 T2、T6、T8，T4 产值显著降低，T7、T1、T2 均价和中上等烟比例显著提高，T3、T5 上等烟比例显著降低。

综合经济性状来看，T1、T2、T6、T8 表现均较好。

表5-41　单因素下红花大金元经济性状比较

单因素处理	产量（kg/亩）	产值（元/亩）	均价（元/kg）	上等烟（%）	中上等烟（%）
A1	148.8a	4 096.3a	27.4a	53.0a	89.8a
A2	152.0a	3 936.9a	25.9a	50.6a	83.9a
A3	142.2a	3 946.9a	27.8a	55.9a	88.4a
B1	141.2a	3 916.5a	27.7a	55.3a	89.4a
B2	152.5a	4 091.0a	26.7a	51.1a	86.8a
B3	149.3a	3 972.7a	26.7a	53.1a	86.0a
C1	151.7a	4 190.3a	27.6a	54.9a	87.9a
C2	142.4a	3 910a	27.3a	55.3a	89.3a
C3	148.9a	3 879.8a	26.2a	49.4b	85.0a

表5-42　互作因素处理下红花大金元经济性状比较

处理	产量（kg/亩）	产值（元/亩）	均价（元/kg）	上等烟（%）	中上等烟（%）
T1	149.8a	4 255.9a	28.4a	59.1a	90.4a
T2	146a	4 195.4a	28.4a	55.7a	94.8a
T3	150.7a	3 837.6ab	25.4ab	44.3b	84.3b
T4	139.2ab	3 652.1b	26.1ab	50.1ab	86ab
T5	161.5a	3 960.5a	24.5b	47b	79b
T6	155.2a	4 198a	27.3ab	54.7a	86.7ab
T7	134.5b	3 841.3ab	28.5a	56.9a	91.7a
T8	150a	4 117.1a	27.2ab	50.8ab	86.6ab
T9	142ab	3 882.5ab	27.5ab	60.1a	87ab

（3）不同处理对红花大金元烟叶外观质量的影响

总体来看，上部（B2F）和中部（C3F）原烟外观质量表现为：上部叶颜色为柠檬黄或橘黄色（测评分为6~7），中部叶为橘黄色（测评分为7~8），成熟（测评分为14~15），叶片结构疏松（测评分为12.5~14.5），身份中等（测评分为13~14.5），油分为有（测评分为13.5~15），色度为强（测评分为13.5~15），长度均大于45cm（测评分为5），伤残度均小于10%（测评分为2），不同处理之间差异很小（表5-43）。

表 5 - 43　互作因素处理下红花大金元烟叶外观质量比较

部位	处理	颜色	成熟度	叶片结构	身份	油分	色度	长度	残伤	总分
	T1	6.0	14.0	13.0	13.0	14.0	14.0	5	2	81.0
	T2	7.0	14.5	12.5	13.0	15.0	15.0	5	2	84.0
	T3	6.5	15.0	13.5	14.0	15.0	15.0	5	2	86.0
	T4	7.0	15.0	12.5	14.0	14.5	15.0	5	2	85.0
B2F	T5	7.0	14.0	13.0	13.5	14.5	15.0	5	2	84.0
	T6	6.5	14.5	13.0	14.0	14.5	15.0	5	2	83.0
	T7	6.0	15.0	13.5	14.0	15.0	15.0	5	2	85.5
	T8	6.0	14.0	13.0	13.5	14.0	14.0	5	2	81.5
	T9	6.0	14.5	13.5	13.5	14.0	14.5	5	2	83.5
	T1	8.0	15.0	14.5	14.5	14.5	14.5	5	2	88.0
	T2	8.0	15.0	14.5	14.5	14.0	14.5	5	2	87.0
	T3	7.5	15.0	14.5	14.0	13.5	14.5	5	2	85.0
	T4	7.5	14.0	14.5	14.5	14.5	14.5	5	2	86.5
C3F	T5	7.0	15.0	14.5	14.5	14.0	14.0	5	2	86.0
	T6	7.0	14.0	14.5	14.0	13.5	14.0	5	2	83.5
	T7	7.5	14.0	14.0	14.0	14.5	14.5	5	2	85.5
	T8	8.0	15.0	14.5	14.5	14.0	14.0	5	2	87.0
	T9	8.0	14.0	14.5	14.5	14.5	14.5	5	2	87.0

（4）不同处理对红花大金元烟叶化学品质的影响

由表 5 - 44 可见，上部（B2F）烟叶总氮含量较高的是 T8、T5、T3 处理，较低的是 T7、T4 处理。烟碱含量最高的是 T7 处理，显著高于除 T4 外的其余全部处理；最低的是 T1、T2 处理，这两个处理显著低于其余处理。总糖和还原糖含量的规律基本一致，最高的是 T1 和 T2 处理，其次是 T8、T9 处理；T7 处理显著低于其余处理，在所有处理中含量最低。T8 处理钾含量显著低于其余处理，其他处理间的差异则不显著。氯离子含量、两糖差在各处理间的差异均未达到显著水平。T7、T4 处理氮碱比显著低于其他处理。糖碱比最高的是 T1、T2 处理，最低的是 T4 处理。钾氯比较高的是 T1、T9 处理，显著高于 T8 处理，其他处理间的差

异均不显著。中部（C3F）烟叶总氮含量最高的是 T7 处理，最低的是 T2
处理；烟碱含量最高的是 T7 处理，较低的是 T2、T1 处理。总糖和还原
糖含量的规律基本一致，最高的是 T2 处理，较低的是 T7 和 T6 处理。
T8 处理钾含量显著低于其余处理，其他处理间的差异则不显著。氯离子
含量最低的是 T2 处理，显著低于 T3、T4、T5 和 T8 外的其余处理。T2
处理氮碱比显著低于其他处理。两糖差在各处理间的差异均未达到显著水
平。糖碱比较高的是 T1、T2 处理，较低的是 T7 处理。钾氯比最高的是
T2 处理，较低的是 T4、T6、T7、T8 处理。总的来看，T1、T2 处理糖
高碱低，T7 处理则是糖低碱高。

表 5-44　互作因素处理下红花大金元化学品质比较

部位	处理	总氮	烟碱	总糖	还原糖	钾	氯	氮碱比	两糖差	糖碱比	钾氯比
	T1	2.63abc	3.71d	32.42a	25.75a	1.97a	0.17a	0.71a	6.67a	6.96a	13.11a
	T2	2.62abc	3.74d	32.38a	25.54a	1.89a	0.16a	0.7a	6.85a	6.84a	11.7ab
	T3	2.78a	4.21bc	29.54bc	22.74b	1.94a	0.17a	0.66a	6.8a	5.44bc	11.66ab
	T4	2.42c	4.39ab	28.34c	21.77b	1.90a	0.16a	0.55b	6.57a	4.96c	11.94ab
B2F	T5	2.82a	4.27bc	28.54bc	22.15b	1.94a	0.16a	0.6a	6.39a	5.19bc	12.33ab
	T6	2.75ab	4.10c	29.66bc	23.13b	1.89a	0.18a	0.68a	6.52a	5.67b	10.58ab
	T7	2.48bc	4.61a	25.47d	19.66c	1.97a	0.16a	0.54b	5.81a	4.26d	12.30ab
	T8	2.83a	4.18bc	30.72ab	23.78ab	1.66b	0.20a	0.68a	6.93a	5.70b	8.88b
	T9	2.72ab	4.17bc	30.81ab	23.70ab	2.04a	0.16a	0.65a	7.12a	5.68b	12.73a
	T1	1.77bc	2.63bc	38.24ab	34.33ab	1.95a	0.12a	6.05a	3.91a	13.39ab	16.95ab
	T2	1.70c	2.53c	40.9a	35.53a	1.81a	0.08b	5.32b	5.36a	14.11ab	22.47a
	T3	1.89bc	3.15ab	37.1abc	32.71ab	1.95a	0.10ab	6.21a	4.39a	10.41cd	19.27ab
	T4	2.08ab	3.21ab	35.48bcd	31.05ab	1.87a	0.11a	5.97a	4.42a	9.79cd	16.68b
C3F	T5	1.84bc	3.15ab	34.36bcd	31.96ab	1.89a	0.11ab	6.21a	2.40a	10.16cd	18.14ab
	T6	2.04ab	3.08ab	33.79cd	30.7bc	1.98a	0.12a	6.00a	3.09a	10.25cd	16.02b
	T7	2.33a	3.58ab	31.87d	27.20c	2.03a	0.13a	6.10a	4.67a	7.91d	16.80b
	T8	1.90bc	3.11ab	36.66bc	34.19ab	1.53b	0.11ab	6.17a	2.46a	11.04bc	15.59b
	T9	2.06ab	3.20a	35.62bcd	32.14ab	2.01a	0.12a	6.29a	3.48a	10.14cd	16.96ab

4. 讨论与结论

孔德钧等（2011）研究表明，种植密度与红花大金元烟叶产量呈正相关，宽窄、行高、密度处理有利于产量和经济性状的形成，种植密度对红花大金元中下部烟叶的化学成分影响较小，但密度增加有效降低上部叶烟碱含量。王正旭等（2011）研究表明，施氮量 $90kg/hm^2$，留叶数 $18\sim22$ 片的处理田间长势强，经济性状优；施氮量 $45\sim90kg/hm^2$ 时，烟叶水溶性糖含量较高，总氮、总植物碱含量适宜，化学成分协调，感官质量较好，香气质、香气量、余味、总得分都较高。影响红花大金元产量、质量的因素很多，其中种植密度、施氮量和留叶数以及它们的交互作用对产量、质量的影响更是复杂。在实际生产中，应该根据红花大金元的品种特性、区域气候生态条件和植烟土壤肥力，选择适宜的种植密度、施氮量和留叶数的合理搭配。本研究综合烟叶外观质量、化学品质、农艺性状和经济性状，在云南某卷烟品牌原料基地肥力中等偏上的土壤上，推荐红花大金元品种配套栽培技术（种植密度：行距 $1.1m×$ 株距 $0.55m$，留叶数 20 片，施氮量 $3kg/$亩，$N：P_2O_5：K_2O=1：1.5：3$）。

七、红花大金元品种烟叶结构优化方法试验研究

1. 研究背景

近年来，卷烟产品结构不断提升，导致烟叶原料结构性矛盾更加突出，主要表现在烟叶等级结构、部位结构和区域结构不平衡（陈志敏等，2012；王晓宾等，2012），低次等烟叶使用量少，库存增多。为此，国家烟草专卖局自 2011 年开始在全国开展了烟叶优化结构工作，其核心是清除田间不适用鲜烟叶，关键是确定合适的留叶数和打顶时机（蒋水萍等，2013）。

不同的留叶数和打顶时间会影响烟株的生长发育（王付锋等，2010；张喜峰等，2014），带来产量与品质的差异（杨虹琦等，2004；黄一兰等，2004；张黎明等，2011；宋淑芳等，2012），影响烟叶的可用性（Papenfus，1997）。不同地区，不同品种的最佳优化烟叶结构方式也不尽相同。研究烟叶优化结构的最佳方式，配套使用适宜的栽培技术措施，能提高上等烟比例、提升烟叶品质和增加烟农收入（王志勇，2014）。

当前对优化烟叶结构的研究还集中在生物学性状上（于永靖等，2012；钟鸣等，2012），对烟叶质量的影响也有涉及（江豪等，2001；王正旭等，2011），对烟叶工业可用性的相关研究较少。本文以红花大金元品种为材料，通过卷烟工业相关评价指标，分析烤后烟叶质量，以期找到该品种的最佳烟叶结构优化方法。

2. 材料与方法

（1）试验地点与时间

本试验于 2013 年在保山市腾冲县界头镇界头村进行。

（2）试验土壤基本农化性状

试验田土壤为水稻土，土质为沙壤土，肥力中等，其中土壤有机质含量为 33.8g/kg，速效氮 118.4mg/kg，有效磷 11.3mg/kg，速效钾含量 91.3mg/kg。

（3）试验设计与处理

试验共设计 5 个处理，3 次重复，15 个小区，随机区组排列。每个小区面积 66.7m²，株行距为 110cm×50cm。施用纯氮 60kg/hm²。其他田间管理措施按保山市优质烤烟栽培管理进行。试验设计见表 5-45。

表 5-45 烟叶优化结构试验设计

处理	优化措施
T0（CK）	不打叶，留 22 片叶
T1	封顶时打下打 2 叶、上打 1 叶，留 19 片叶
T2	封顶时打下打 2 叶、上打 2 叶，留 18 片叶
T3	封顶后 10d 下打 2 叶、采烤期上打 1 叶，留 19 片叶
T4	封顶后 10d 下打 2 叶、采烤期上打 2 叶，留 18 片叶

（4）采样与分析

按小区进行主要经济性状统计分析，指标包括产量、产值、均价、上等烟比例等。

按小区采集上部（B2F）、中部（C3F）烟叶样品分析化学品质和外观质量、感官质量打分。

烟叶化学品质按王瑞新等（2003）的方法测定，按王彦亭等（2009）

的标准进行打分；烟叶外观质量打分依据程昌新等（2015）的方法修改而成。感官质量打分依据参考颜克亮等（2011）的方法。

（5）数据统计与分析

采用 EXCEL2007 进行数据处理，采用 SPSS16.0 进行统计分析和方差分析，采用 Duncan 法进行多重比较。

3. 结果与分析

（1）优化结构对红花大金元烟叶经济性状的影响

由表 5-46 可见，与对照 T0 相比，各优化结构处理的烟叶产量均有一定程度下降，且下降显著；留 19 片叶的 T1 和 T3 处理之间、留 18 片叶的 T2 处理和 T4 处理之间产量差异不显著。优化结构各处理的均价均较对照有显著增加，造成 T2、T3 与对照的产值差异不显著，T0 的产值仅比 T2 的产值高 528 元/hm^2。从上等烟比例来看 T2、T3、T4 均较对照有显著提高，且 T2 增加最多，达 4.1%。

表 5-46　不同处理红花大金元烟叶经济性状比较

处理	产量（kg/hm^2）	产值（元/hm^2）	均价（元）	上等烟比例（%）
T0	2 115.7a	59 948a	28.3c	39.5d
T1	1 925b	55 338b	30.0b	40.8cd
T2	1 838.3c	59 420a	30.9a	43.6a
T3	1 931.7b	58 011ab	30.1ab	41.7bc
T4	1 813.3c	55 616b	30.7ab	43.2ab

（2）优化结构对红花大金元烟叶化学品质的影响

对比各处理烤后烟叶化学成分评价得分结果（表 5-47）可知，不同等级的烟叶化学成分评价得分为 B2F＞C3F＞X2F。对上部烟叶（B2F）来说，各处理的烟叶化学成分总分均较对照有所提高，且差异显著。其中 T3 总分最高，达 95.8 分，还原糖、总氮、淀粉和氮碱比得分位列第一。从中部烟叶（C3F）来看，各处理的化学成分评价总分以 T2 为最高，T1 最低，但各处理间差异不显著，说明优化结构处理对中部烟叶的化学成分影响不大。下部叶（X2F）各处理的化学成分评价总分以 T2 为最高，达 82.4 分，比对照高 4.2 分。T0、T1、T3、T4 间差异不显著，说明只有

T2 能显著提高下部烟叶化学成分评价得分。

表 5 - 47　不同处理红花大金元烟叶化学成分评价得分比较

等级	处理	还原糖	总氮	烟碱	淀粉	钾	糖碱比	氮碱比	钾氯比	总分
	T0	13.8a	7.4a	17.0	4.4a	7.2b	24.5a	8.9b	9.0a	92.2c
	T1	13.6a	8.9a	17.0	4.3b	7.5ab	25.0a	9.2b	9.0a	94.5b
B2F	T2	13.5a	8.3a	17.0	4.3b	7.6a	24.6a	9.3b	9.0a	93.6b
	T3	13.8a	9.0a	17.0	4.3ab	7.7a	25.0a	10.1a	8.9a	95.8a
	T4	13.7a	8.8a	17.0	4.2c	7.8a	24.9a	8.9b	9.0a	94.3b
	T0	10.8a	7.4a	14.3c	5.3a	8.0b	17.6a	11.0a	9.0	83.4a
	T1	9.4b	6.8b	15.4ab	5.2ab	8.0a	18.5a	10.5bc	9.0	82.8a
C3F	T2	9.7b	6.6b	15.8a	5.2b	8.0a	19.5a	10.2c	9.0	84.0a
	T3	10.4a	6.4b	15.0abc	5.2c	8.0a	18.8a	10.4bc	9.0	83.3a
	T4	10.6a	6.7b	14.7bc	5.1d	8.0a	18.2a	10.7b	9.0	83.0a
	T0	13.1a	5.4a	10.3c	5.5a	8.0a	16.0b	11.0a	9.0	78.2b
	T1	12.5a	5.4a	11.6ab	5.5a	8.0a	16.6ab	10.7a	9.0	79.2b
X2F	T2	13.1a	5.5a	12.1a	5.5a	8.0a	18.5a	10.8ab	9.0	82.4a
	T3	13.0a	5.4a	10.8bc	5.5a	8.0a	16.7a	10.9a	9.0	79.3b
	T4	12.9a	5.4a	10.5c	5.4b	8.0a	16.0b	10.9ab	9.0	78.1b

（3）优化结构对红花大金元烟叶外观质量的影响

由表 5 - 48 可知，烟叶外观质量评价得分 C3F 最高，B2F 次之，X2F 最低。各处理的 B2F 等级烟叶外观质量评价总分，均较对照有所提高，T3 的成熟度得分最高，T4 的颜色、身份得分最高，且两者总分较对照有显著提高。各处理的 C3F 外观质量评价总分之间差异不显著，说明优化结构处理对 C3F 影响不大。T2 的 X2F 外观质量评价总分最高，达 65.8 分，比对照高 0.5 分，且差异显著。

表 5 - 48　不同处理红花大金元烟叶外观质量评价得分比较

等级	处理	成熟度	颜色	油分	色度	叶片结构	身份	总分
	T0	14.2bc	7.2bc	13.7a	10.3a	10.5a	11.1c	73.9b
	T1	14.2abc	7.3ab	13.6a	10.2a	10.6a	11.1c	74.1ab
B2F	T2	14.3ab	7.1c	13.7a	10.3a	10.6a	11.2bc	74.1ab
	T3	14.3a	7.3ab	13.7a	10.3a	10.5a	11.3ab	74.3a
	T4	14.1c	7.3a	13.6a	10.3a	10.6a	11.3a	74.3a

（续）

等级	处理	成熟度	颜色	油分	色度	叶片结构	身份	总分
	T0	14.5ab	7.1b	14.1ab	10.5b	13.3a	13.6a	80.1a
	T1	14.5ab	7.2ab	14.1a	10.6b	13.4a	13.3a	80.1a
C3F	T2	14.3a	7.3a	14.0bc	10.6ab	13.4a	13.4a	80.3a
	T3	14.6a	7.3a	14.1a	10.7a	13.3a	13.3a	80.4a
	T4	14.4b	7.2ab	14.0c	10.8a	13.3a	13.4a	80.1a
	T0	13.6c	6.7bc	9.6bc	9.0b	9.5ab	9.9b	65.3b
	T1	13.6c	7.000a	9.8a	8.8c	9.6ab	9.7b	65.6ab
X2F	T2	13.7b	6.8b	9.7b	9.0bc	9.6a	10.0a	65.8a
	T3	13.8a	6.7bc	9.5c	9.3a	9.3b	10.0a	65.6ab
	T4	13.8a	6.6c	9.6bc	9.2a	9.4ab	10.0a	65.7ab

注：总分计入了长度（5分）、残伤（2分），各处理一致，总分为各处理总分加权平均值，下同。

（4）优化结构对红花大金元烟叶感官评吸质量的影响

不同优化结构处理对烟叶感官评吸质量的影响见表5-49。感官评吸质量得分为C3F＞X2F＞B2F。从上部叶（B2F）来看，T2的愉悦性、柔和性、杂气、刺激、余味和总分最高，且与对照差异显著；其他各处理感官评吸质量总分均较对照有不同程度的提高，但差异不显著。T2和T4的X2F感官质量总分较对照有显著提高，其他处理与对照差异不显著。C3F各处理评吸得分与B2F情况基本一致。

表5-49　不同处理红花大金元烟叶感官评吸得分比较

等级	处理	愉悦性	丰富性	透发性	香气量	细腻度	甜度	绵延性	成团性	柔和性	浓度	杂气	刺激	余味	总分
	T0	6.2a	5.5a	6.2a	5.5a	6.2a	5.7b	6.2a	5.8a	5.8ab	6.0cd	6.2a	6.0a	5.7a	76.8b
	T1	6.2a	6.2a	6.5a	6.2a	6.0a	6.2ab	5.7a	6.0a	5.3b	5.8d	6.2a	6.0a	6.0a	78.2ab
B2F	T2	6.6a	6.0a	6.7a	6.2a	6.2a	6.2ab	6.3a	6.2a	6.2a	6.3bc	6.3a	6.2a	6.3a	81.6a
	T3	6.2a	6.2a	6.7a	5.8a	5.8a	6.2ab	6.3a	6.0a	5.8ab	6.7ab	5.5b	6.0a	6.2a	79.2ab
	T4	6.2a	6.2a	6.2a	6.0a	6.2a	6.3a	6.0a	6.0a	5.8ab	6.8a	6.0ab	5.7a	5.7a	79.0ab
	T0	6.3ab	6.5a	6.5a	6.0b	6.5b	6.0b	6.2a	6.2ab	6.7a	6.0b	6.0a	6.0ab	6.0a	80.3b
	T1	6.0b	6.2a	6.7a	6.0b	6.2b	6.2b	6.2a	5.5b	6.2b	6.7a	6.0a	5.5b	6.2a	79.3b
C3F	T2	7.0a	6.7a	6.7a	6.7a	7.167a	7.0a	6.7a	6.7a	6.833a	5.8b	6.7a	6.7a	6.7a	87.2a
	T3	6.3ab	6.7a	6.5a	6.7a	6.7ab	6.0b	6.3a	6.3a	6.3ab	5.7b	6.7a	6.5a	6.7a	83.3ab
	T4	6.3ab	6.2a	6.5a	5.8b	6.7ab	6.2b	5.8a	6.0b	6.3ab	5.8b	6.5a	6.3a	6.3a	80.3b

(续)

等级	处理	愉悦性	丰富性	透发性	香气量	细腻度	甜度	绵延性	成团性	柔和性	浓度	杂气	刺激	余味	总分
	T0	6.2a	5.5a	5.8a	5.5b	5.8b	5.8abc	5.7a	5.5a	6.0bc	6.0a	5.8b	6.2ab	6.3a	76.2c
	T1	6.2a	6.2a	6.2a	5.3b	6.2ab	5.3c	6.2a	5.7a	6.5ab	5.3b	6.2ab	6.5a	6.5a	78.2bc
X2F	T2	6.2a	6.0a	6.0a	6.7a	6.7a	6.3a	6.2a	6.0a	7.0a	6.2a	6.7a	6.2ab	6.3a	82.3a
	T3	6.7a	6.0a	5.8a	5.8b	6.7a	5.7bc	5.5a	5.5a	5.8c	5.8ab	6.0b	6.7a	6.2a	78.2bc
	T4	6.7a	6.2a	6.5a	6.7a	6.0b	6.2ab	5.8a	6.0a	6.0bc	6.3a	6.2ab	5.8b	6.2a	80.5ab

4. 结论与讨论

本试验表明，按照 T2 和 T3 的优化结构方式，烤烟的产量会下降，但由于上等烟叶比例提升显著，烟叶均价得到提高，这两个处理的产值下降幅度较小，且与对照无明显差异。T3 能显著提升上部烟叶的化学成分得分，T2 能显著提高中、下部烟叶化学成分评价得分。T3、T4 能显著提升上部烟叶外观质量，T2 能显著提升下部烟叶外观质量评价得分。感官评吸质量结果，T2 三个部位的得分均为最高，且与对照有显著差异。总体来看，封顶时下打 2 片、上打 2 片，留 18 片叶，可明显提高红花大金元烟叶的品质。

不同的优化烟叶结构方式对烟叶化学成分、外观质量和感官评吸均有较大影响，这可能是由于光照、土温、通风条件和养分吸收等方面都有不同程度的改变，导致烟叶的光合产物重新分配（刘国顺，2003），造成了烟叶产量、质量的变化。

红花大金元品种在实际生产中，常会出现烤青等情况，影响烟农收入。在保山地区，封顶时采取下打 2 片、上打 2 片，留 18 片叶的优化结构方式，可以显著提高红花大金元品种的烟叶上等烟比例、外观质量和感官评吸质量，提升工业可用性，是保山烟农提高收入的最适栽培措施。

八、红花大金元品种合理有机、无机施肥配比试验研究

1. 研究背景

红花大金元是云南主栽品种之一，其香气质好、清香型风格突出，并且工业可用性较好。但因病害较多，种植、烘烤技术难度较大，其种植面积逐渐减少。针对红花大金元品种市场需求量大、品质要求高这一现状，

已经有不少研究者在土壤和施肥等因素方面对其关键种植技术给出了建议（刘国顺等 2005；张新要等，2006）。其中，童荣昆等（2000）专门对昆明市及其所属各县红花大金元种植区域内的土壤养分状况做了化验分析和评定，并提出了相应的施肥对策。增施有机肥或有机肥替代化肥对植烟土壤有机质含量的提升和烤烟的生长发育、烟株的抗病能力提高、烟叶香气质改善，均有显著的效果，但是有机肥可替代化肥的具体比例是多少，还缺乏相应的数据支撑。

因此，笔者开展了有机态氮占总氮量从 0％、10％、20％、30％、40％、50％、60％、100％等系列梯度对红花大金元烟叶产量、质量及风格特征的影响试验研究，探索有机、无机配施比例与其各项指标之间的变化规律，以期为更合理地调控肥料、提高红花大金元烟叶香气和烟叶品质提供理论依据。

2. 材料与方法

（1）试验地点与时间

试验地点：麒麟区潇湘乡石灰窑村委会上铁路村杨春芬承包地，位于东经 103°41′17.2″，北纬 25°25′29.3″，海拔 2 033m。

试验时间：2014 年 3 月 27 日和 28 日移栽，8 月 20 日采收完毕。

（2）供试土壤基本农化性状

土壤类型为冲积型水稻土，土壤肥力中等偏上，地势平坦，浇灌方便。土壤基本农化性状如下：土壤 pH 为 5.46，有机质 38.79g/kg，有效氮 144.65mg/kg，有效磷 51.13mg/kg，速效钾 259.63mg/kg。

（3）试验设计和处理

采用完全区组试验设计，共设 8 个处理，3 次重复，24 个小区，每个小区 4 行×18 株=72 株，田间完全随机排列。各处理如下：T1，不施有机态氮，作为对照（CK）；T2，有机态氮 10％，即有机态氮占总施氮量的 10％（有机态氮：无机态氮=1:9）；T3，有机态氮 20％，即有机态氮占总施氮量的 20％（有机态氮：无机态氮=1:4）；T4，有机态氮 30％，即有机态氮占总施氮量的 30％（有机态氮：无机态氮=3:7）；T5，有机态氮 40％，即有机态氮占总施氮量的 40％（有机态氮：无机态氮=2:3）；T6，有机态氮 50％，即有机态氮占总施氮量的 50％（有机态氮：无机态氮=1:1）；T7，有机态氮 60％，即有机态氮占总施氮量的

60%（有机态氮：无机态氮＝3：2）；T8，有机态氮100%，即只施有机态氮。以上各处理，无机纯氮施用量为4kg/亩，N：P_2O_5：K_2O＝1：1.5：3。其中，有机肥为云南千州生物有机肥有限公司生产，养分含量为4：2：4，其他肥料由当地烤烟生产部门提供。

试验品种红花大金元种植规格：行距1.1m，株距0.5m。

田间栽培、管理、采烤均按照当地优质烤烟标准生产技术进行。

（4）田间调查与取样分析

主要农艺性状：打顶株高，有效叶数，茎围，节距，腰叶长、腰叶宽，腰叶面积（计算方法同前文所示），单叶重。

按小区进行主要经济性状统计分析，指标包括产量、产值、均价、上等烟比例、中上等烟比例等。

按小区采集上部（B2F）、中部（C3F）烟叶样品分析化学品质和外观质量打分。

（5）数据统计与分析

采用EXCEL、DPS等软件，运用统计学的方法，对数据进行多重比较和方差显著性分析。

3. 结果与分析

（1）不同处理对红花大金元农艺性状的影响

由表5-50、表5-51可见，红花大金元有机、无机配比试验不同处理之间节距、腰叶长、腰叶宽和叶面积表现出差异。T5节距显著高于T2、T4之外的其他多数处理；T3、T5、T6腰叶长显著高于T8；T3腰叶宽及叶面积显著高于T8；不同处理之间有效叶数、打顶株高及茎围差异不显著。T5上部叶单叶重显著增加，T2中部叶单叶重显著增加，T1下部叶单重显著加，平均来看，单叶重以T2为最大、其次是T5。

表5-50 不同处理红花大金元农艺性状比较

处理	有效叶数（片）	打顶株高（cm）	茎围（cm）	节距（cm）	腰叶长（cm）	腰叶宽（cm）	腰叶面积（cm²）
T1	21.0a	121.1a	9.79a	4.72bc	75.7ab	26.6ab	1 277.9ab
T2	20.8a	117.6a	9.79a	4.74abc	75.1ab	26.2ab	1 250.6ab
T3	20.5a	119.8a	9.57a	4.71bc	78.2a	27.4a	1 361.4a

（续）

处理	有效叶数 （片）	打顶株高 （cm）	茎围 （cm）	节距 （cm）	腰叶长 （cm）	腰叶宽 （cm）	腰叶面积 （cm²）
T4	20.5a	115.0a	9.47a	4.81ab	74.6ab	26.3ab	1 247.6ab
T5	20.5a	117.5a	10.12a	4.93a	76.5a	26.6ab	1 292.4ab
T6	20.8a	118.7a	9.44a	4.69bc	76.3a	26.6ab	1 288.4ab
T7	20.5a	118.2a	9.40a	4.73bc	74.2ab	26.1ab	1 232.1ab
T8	20.9a	116.7a	9.63a	4.59c	70.8b	24.7b	1 112.5b

表 5 - 51　不同处理红花大金元单叶重比较（g）

处理	上部（B2F）	中部（C3F）	下部（X2F）
T1	8.4b	8.4b	9.9a
T2	10.2ab	11.4a	7.9ab
T3	9.8ab	10.2ab	7.1b
T4	9.6ab	10.1ab	7.9ab
T5	10.7a	10.3ab	7b
T6	8.6b	10ab	8.7ab
T7	8.5b	9.3ab	7.5b
T8	8.4b	10.9ab	7.9ab

综合农艺性状来看，T3（有机态氮占总施氮量的 20%时）田间农艺性状表现最好，其次是 T5、T6（有机态氮占总施氮量的 40%～50%），有机氮占总施氮量超过 50%后，田间农艺性状表现下降。

（2）不同处理对红花大金元经济性状的影响

由表 5 - 52 可见，不同处理烟叶产量以 T2 为最高，T2、T1、T8 显著增加；烟叶产值以 T1 为最高，T1、T2、T5、T8 均有显著增加；均价以 T7 为最高，T4 显著低于其他处理；T4 处理上等烟、中上等烟比例显著低于其他处理。

综合经济性状来看，T1、T2、T5、T8 处理表现均比较好。

表 5 - 52　不同处理红花大金元经济性状比较

处理	产量（kg/亩）	产值（元/亩）	均价（元/kg）	上等烟（%）	中上等烟（%）
T1	168.6a	4 597.5a	27.3a	46.5b	93a
T2	169.5a	4 467.3a	26.1ab	48.3b	86.7b
T3	143.2b	3 986.2ab	27.7a	52.6ab	91.2a
T4	138.4b	3 388.8b	24.5b	41.8b	82.2b
T5	157.6ab	4 376.5a	27.8a	51.4b	92.7a
T6	142.1b	3 925.6ab	27.7a	53.5ab	89.8ab
T7	129.5b	3 624.5b	28a	55.3a	96.5a
T8	163.4a	4 510.9a	27.3a	57.9a	90.9a

（3）不同处理对红花大金元烟叶外观质量的影响

总体来看，上部（B2F）和中部（C3F）原烟外观质量表现为：颜色为橘黄色（测评分为 7～8），成熟（测评分为 13.5～15），叶片结构疏松（测评分为 13～14），身份中等（测评分为 13～14.5），油分为有（测评分为 13～15），色度为强（测评分为 13～15），长度均大于 45cm（测评分为 5），伤残度均小于 10%（测评分为 2）（表 5 - 53）。

从测评总分来看，T2（有机态氮占总施氮量的 10%）和 T5（有机态氮占总施氮量的 40%）测评分值最高，T1（不施有机氮）、T7（有机态氮占总施氮量的 80%）和 T8（有机态氮占总施氮量的 100%）测评分值较低。

表 5 - 53　不同处理红花大金元烟叶外观质量比较

部位	处理	颜色	成熟度	叶片结构	身份	油分	色度	长度	残伤	总分
B2F	T1	7	14.5	13	13.5	13	13	5	2	81
	T2	8	15	13.5	14	15	15	5	2	87.5
	T3	8	14.5	13	13	13	13	5	2	81.5
	T4	8	15	13.5	14	15	15	5	2	87.5
	T5	8	15	13.5	13.5	15	15	5	2	87
	T6	8	15	14	15	15	15	5	2	88
	T7	7.5	14.5	14	14	13	13	5	2	83
	T8	7.5	14.5	13	13	13.5	13.5	5	2	82

（续）

部位	处理	颜色	成熟度	叶片结构	身份	油分	色度	长度	残伤	总分
C3F	T1	7	14	13	14	14	14	5	2	83
	T2	8	14	14	14.5	15	15	5	2	87.5
	T3	8	14	14	14.5	15	15	5	2	87.5
	T4	7.5	14	13.5	14.5	14.5	14.5	5	2	85.5
	T5	8	14	14	14.5	15	15	5	2	87.5
	T6	7.5	13.5	13.5	14.5	14.5	14.5	5	2	85
	T7	7	14	13	14	14	14	5	2	83
	T8	7.5	13.5	13	14	14	14	5	2	83

（4）不同处理对红花大金元烟叶化学品质的影响

由表 5-54 可知，红花大金元有机、无机配比试验不同处理中，上部
（B2F）烟叶烟碱含量最高的是 T4 处理，最低的是 T6 处理，这两个处理
之间的差异达到了显著水平，其他处理间的差异则不显著。总糖和还原糖
含量的规律一致，最高的是 T6 和 T8 处理，显著高于 T4 处理，其余处理
间的差异则不显著。糖碱比最高的是 T6 处理，显著高于 T4 处理，其他
处理间的差异均不显著。其他化学指标在各处理间的差异均未达到显著
水平。

表 5-54　不同处理红花大金元烟叶化学品质比较

部位	处理	总氮（%）	烟碱（%）	总糖（%）	还原糖（%）	钾（%）	氯（%）	氮碱比	两糖差	糖碱比	钾氯比
B2F	T1	2.67a	4.65ab	26.84ab	23.66ab	1.96a	0.18a	0.58a	3.18a	5.49ab	10.86a
	T2	2.92a	5.16ab	23.53ab	20.78ab	1.98a	0.20a	0.56a	2.75a	4.06ab	9.96a
	T3	2.96a	5.29ab	24.34ab	22.01ab	1.82a	0.24a	0.56a	2.33a	4.17ab	7.60a
	T4	3.19a	5.56a	20.24b	18.32b	1.99a	0.31a	0.57a	1.92a	3.30b	7.32a
	T5	2.99a	5.24ab	23.74ab	21.00ab	1.92a	0.21a	0.57a	2.74a	4.00ab	9.46a
	T6	2.58a	4.21b	29.16a	26.11a	1.88a	0.21a	0.62a	3.04a	6.70a	11.04a
	T7	2.97a	5.29ab	22.84ab	20.80ab	1.93a	0.26a	0.56a	2.03a	3.94ab	7.50a
	T8	2.60a	4.40ab	28.07a	25.01a	2.04a	0.22a	0.60a	3.07a	6.02ab	10.28a

（续）

部位	处理	总氮 （%）	烟碱 （%）	总糖 （%）	还原糖 （%）	钾 （%）	氯 （%）	氮碱比	两糖差	糖碱比	钾氯比
	T1	2.54a	4.00ab	28.25a	24.29a	2.09a	0.12c	0.65ab	3.97a	6.71a	18.27a
	T2	2.48a	4.24ab	29.07a	25.51a	1.92a	0.18abc	0.59b	3.56a	6.28a	10.95b
	T3	2.52a	4.34a	29.20a	26.20a	1.98a	0.14bc	0.58b	3.01a	6.13a	14.18ab
	T4	2.33a	3.95ab	31.58a	28.29a	1.97a	0.16abc	0.59b	3.29a	7.68a	13.55ab
C3F	T5	2.71a	4.68a	25.96a	23.00a	2.15a	0.21ab	0.58b	2.97a	4.91a	10.81b
	T6	2.75a	4.70a	26.00a	23.18a	2.16a	0.22a	0.58b	2.82a	5.00a	9.98b
	T7	2.20a	3.12b	29.42a	24.08a	2.23a	0.17abc	0.70a	5.34a	8.14a	13.38ab
	T8	2.68a	4.61a	27.65a	24.19a	1.97a	0.21ab	0.58b	3.46a	5.26a	9.17b

中部（C3F）烟叶烟碱含量较高的是 T6、T5、T8 和 T3 处理，显著高于 T7 处理，其他处理间的差异未达显著水平。氯离子含量最高的是 T6 处理，显著高于 T3 和 T1 处理，但各处理氯离子含量均在适宜范围内。钾氯比最大的是 T1 处理，显著高于 T2、T5、T6、T8 处理。其他化学指标在各处理间的差异均未达到显著水平。

4. 讨论与结论

前人研究表明，一定量的牛粪、菜籽饼或花生饼与化肥配施，可明显提高烤烟叶片中氮、磷、钾的营养配比，从而提高烟叶品质和产量（唐莉娜等，1999）。施用50%无机肥+50%芝麻饼肥比纯施用无机肥显著提高各种挥发性香气物质或脂类代谢物含量，改善烟叶品质；同时，50%无机肥+50%芝麻饼肥对烤烟色素及其降解产物含量影响最大（武雪萍等，2005；顾明华等，2009；刘洪华等，2010；张晓龙等，2010）。本研究综合有机、无机肥配施对红花大金元生理特性、经济性状和化学品质的影响，结果表明，在烤烟生产中，在化肥施用的基础上配施适量的有机肥可以增强烤烟的生理代谢，提高烤烟的产量和产值，在云南某卷烟品牌原料基地中等肥力偏上的土壤上，推荐红花大金元品种有机态氮占总施氮量的30%，不宜超过50%。

九、生物炭和钼肥施用对红花大金元烟叶品质的影响试验研究

1. 研究背景

优质烤烟生产需要良好的土壤环境，而近年来由于农艺措施应用不当，导致土壤严重板结，通透性差，有机质含量下降，养分供应不均衡，磷肥、钾肥及微量元素养分的利用率很低，从而造成土壤环境的恶化，难以满足优质卷烟的需要（安东等，2010；姜灿烂等，2010）。生物炭是在限氧或隔绝氧的环境条件下，通过高温裂解，将小薪柴、农作物秸秆、杂草等生物质经炭化而形成的一种含碳量极其丰富的炭。生物炭除含有大量的高分子碳水化合物之外，还含有多种矿物质营养，可提供作物所需的营养元素，提高土壤肥力；生物炭具有大量的孔洞结构以及巨大的表面积，且表面带有大量的负电荷，因此，吸附性很强，能吸附水、土壤或沉积物中的无机离子（如 Cu^{2+}、Pb^{2+}、Hg^{2+} 等）及极性或非极性有机化合物，可以防止流失，还可以达到缓释的效果，这对作物的生长极为有利，同时生物炭对土壤重金属有吸附作用，可以降低土壤重金属生物有效性，减少作物对重金属的吸收。生物炭可以调节土壤的 pH 和水、肥、气、热状况，从而改善微生物生存环境，为许多重要微生物的生长和繁殖提供有利的条件（张阿凤等，2009；刘玉学等，2009；宋延静等，2010；潘根兴等，2010）。由于生物炭绿色又高效的特性，近年来将生物炭施用于土壤，作为农业增汇减排和改善土壤质量使用的国际呼声也越来越高涨，国内外学者对生物炭的研究已经屡见不鲜，但是在烟草生产方面生物炭的应用研究报道较少。

云南植烟土壤由于常年轮作及过度耕作，缺少养护，造成耕地质量总体衰退，据估计，现有耕地中面积占 70％ 的耕地其土壤有机质含量小于 1.5％，应用生物炭可以显著提高土壤有机碳含量，增大土壤有机碳库，这不但对于陆地固碳，而且对于耕地土壤培肥、提高农业生产力均具有重要意义。紫色土是云南种植烤烟的红壤之后另一主要土壤类型，该土壤类型保肥、保水能力较差，土壤地力普遍较低，笔者经过调查发现在云南烟区局部区域表现出缺钼症状。由此笔者结合提高紫色土地力，解决烤烟缺钼的问题，开展生物炭和钼肥施用对红花大金元烟叶品质的影响试验研究，以期为红花大金元品种在紫色土上的施肥措施，提供科学依据。

2. 材料与方法

（1）试验地点与时间

试验地点：昆明市寻甸县甸沙乡甸沙村得秋哨水厂前。

试验时间：2015 年 4 月 29 日至 9 月 1 日。

（2）供试土壤基本农化性状

供试土壤为紫色土，土壤基本农化性状：pH 7.6，有机质 23.1g/kg，有效氮 103.6mg/kg，有效磷 23.5mg/kg，速效钾 292.6mg/kg，有效钼 0.202mg/kg。

（3）试验设计及处理

采用完全随机区组田间试验方法，共设 5 个处理，3 次重复，15 个小区，每小区 3 行×20 株＝60 株，田间随机排布。各处理设计如下：T1（CK），常规施烤烟复混肥，作为对照；T2，烤烟复混肥＋生物炭（25kg/亩）；T3，烤烟复混肥＋生物炭（25kg/亩）＋土壤施钼肥（钼酸铵 200g/亩）；T4，烤烟复混肥＋生物炭（25kg/亩）＋土壤施钼肥（钼酸铵 100g/亩）＋喷施钼肥（现蕾期喷一次，浓度 0.1%，每株 40mL）；T5，烤烟复混肥＋生物炭（25kg/亩）＋喷施钼肥，团棵期、现蕾期分别喷一次，浓度 0.1%，每次每株用量 40mL。

以上各处理施纯 N 5 kg，N：P_2O_5：K_2O＝1：2：3；基追比＝1：0；T1、T2 腐熟农家肥作基肥环施，用量 600kg/亩（干重），T3～T6 生物炭用量 25kg/亩，烤烟专用复混肥（8：16：24）用量 62.5kg/亩。T4～T6 中钼肥采用农用钼肥（成分为钼酸铵），土施钼肥与生物炭拌匀后环施，喷施钼肥兑水稀释 1 000 倍。

红花大金元种植规格：株行距 1.1m×0.5m，每亩定植数为 1 210 株。田间管理、烟叶采烤均按照当地优质烤烟生产要求进行。

（4）田间调查与样品分析

在烤烟打顶期调查烟株主要农艺性状，包括：有效叶数、株高、腰叶长、腰叶宽、计算腰叶面积（计算方法同前文所示）等。

按小区进行分级测产，计算产值、均价及各等级所占比例，采集各小区 B2F、C3F 烟叶样品，进行室内检测烟叶化学品质和感官质量的分析。

（5）数据统计与分析

采用 EXCEL、DPS 等软件，运用统计学的方法，对数据进行多重比较和方差显著性分析。

3. 结果与分析

（1）生物炭及钼肥施用对紫色土地力的影响

由图 5-1 可见，施用生物炭（T2～T5）的土壤有机质含量比不施用生物炭（T1）提高 6.5%～28.7%；施用钼肥（T3、T4、T5）的土壤有效钼含量比不施用钼肥（T2）分别提高 42.9%、28.6%、14.3%，由此可见，土壤施用钼肥（T3、T4）并增加施用量，土壤有效钼含量的提高幅度更大。

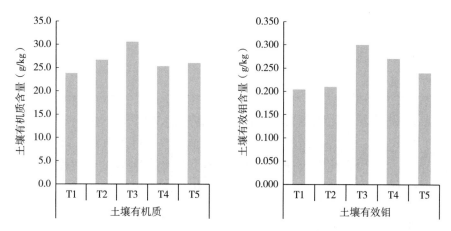

图 5-1　不同处理对紫色土有机质和有效钼含量的影响

（2）生物炭及钼肥施用对红花大金元农艺性状的影响

由表 5-55 可见，施用生物炭及钼肥能显著改善烤烟农艺性状，在施用生物炭的基础上增施钼肥对烤烟农艺性状的影响不明显，总体上 T4 处理农艺性状表现最好。

表 5-55　不同处理红花大金元农艺性状比较

处理	有效叶数（片）	打顶株高（cm）	腰叶长（cm）	腰叶宽（cm）	腰叶面积（cm²）
T1	16.9b	111.9a	62.7b	28.5b	1 143.2b
T2	18.3a	112.0a	66.0ab	29.5ab	1 243.9ab
T3	18.7a	110.1a	65.6ab	29.6ab	1 232.0ab
T4	18.1a	112.3a	68.3a	30.3a	1 316.6a
T5	17.5ab	109.3a	67.9a	28.5b	1 234.5ab

（3）生物炭及钼肥施用对烟叶经济性状的影响

由表5-56可见，施用生物炭及钼肥能显著改善烤烟经济性状，在施用生物炭的基础上增施钼肥能提高烟叶亩产值、均价及上等烟比例，总体上 T4 和 T5 处理经济性状表现较好。

表5-56 不同处理红花大金元经济性状比较

处理	产量（kg/亩）	产值（元/亩）	均价（元/kg）	上等烟比例（%）
T1	159.7b	4 016c	24.9b	38.3c
T2	179.3a	4 667b	26.1b	41.4b
T3	177.3a	4 708b	26.5b	41.3b
T4	185.0a	5 181a	28.0a	47.9a
T5	176.6a	4 964ab	28.0a	50.0a

（4）生物炭及钼肥施用对红花大金元烟叶化学品质的影响

由表5-57可见，施用生物炭及钼肥能提高烟叶钾含量、降低烟碱含量、提高烟叶内在化学成分协调性，在施用生物炭的基础上增施钼肥能提高烟叶钾含量，总体上 T5 处理烟叶内在化学成分协调性表现最好。

表5-57 不同处理红花大金元烟叶内在化学成分比较

部位	处理	总糖（%）	还原糖（%）	总氮（%）	烟碱（%）	K_2O（%）	氯（%）	淀粉（%）	两糖差（%）	糖碱比	氮碱比	钾氯比
	T1	28.1	26.1	2.14	3.62	1.45	1.37	2.4	2.0	7.2	0.59	1.1
	T2	35.0	32.4	2.16	3.34	1.71	1.36	2.2	2.6	9.7	0.65	1.3
B2F	T3	31.9	29.1	2.14	3.40	1.77	1.07	1.8	2.8	8.6	0.63	1.7
	T4	31.0	27.9	2.13	3.28	1.71	1.78	2.0	3.1	8.5	0.65	1.0
	T5	30.5	27.0	2.15	2.73	1.85	1.50	2.4	3.5	9.9	0.79	1.2
	T1	33.7	29.4	1.84	2.32	1.65	1.95	1.6	4.3	12.7	0.79	0.9
	T2	37.5	31.3	1.98	2.62	1.85	1.33	2.8	6.2	12.0	0.75	1.4
C3F	T3	36.1	30.1	1.82	2.51	1.82	1.43	1.9	6.0	12.0	0.73	1.3
	T4	34.3	29.2	2.13	2.65	1.89	0.55	2.0	5.1	11.0	0.80	3.5
	T5	35.7	32.8	1.67	2.46	1.91	1.49	2.6	2.9	13.3	0.68	1.3

（续）

部位	处理	总糖 （%）	还原糖 （%）	总氮 （%）	烟碱 （%）	K_2O （%）	氯 （%）	淀粉 （%）	两糖差 （%）	糖碱比	氮碱比	钾氯比
	T1	24.9	22.6	1.90	2.54	1.58	1.49	2.65	2.3	8.9	0.75	1.1
	T2	26.9	24.8	1.91	2.41	1.68	1.51	2.75	2.1	10.3	0.79	1.1
X2F	T3	28.5	26.0	1.80	2.43	1.74	1.51	2.0	2.5	10.7	0.74	1.2
	T4	29.2	27.3	1.80	2.22	1.70	2.02	2.4	1.9	12.3	0.81	0.8
	T5	23.0	21.5	2.03	2.28	1.76	1.58	2.6	1.5	9.4	0.89	1.1

（5）生物炭及钼肥施用对红花大金元烟叶感官评吸质量的影响

由表 5-58 可见，施用生物炭及在施用生物炭的基础上增施钼肥能提高烟叶感官评吸质量，总体上 T5 和 T4 处理烟叶感官评吸质量表现最好。

表 5-58　不同处理红花大金元烟叶感官评吸质量比较

部位	处理	劲头	浓度	香气质	香气量	余味	杂气	刺激性	燃烧性	灰色	得分	质量档次
	T1	3.2	3.3	10.5	15.0	18.0	12.5	8.5	2.0	3.0	69.5	3.0
	T2	3.1	3.2	10.5	15.0	18.5	13.5	9.0	2.0	3.0	72.0	3.3
B2F	T3	3.1	3.1	11.0	15.5	18.5	14.0	9.0	2.0	3.0	73.0	3.4
	T4	3.1	3.1	11.0	16.0	19.0	14.0	9.0	2.0	3.0	74.0	3.5
	T5	3.1	3.1	11.0	16.0	19.0	14.0	9.0	2.0	3.0	74.5	3.6
	T1	3.0	3.2	11.0	15.5	18.5	13.5	9.0	2.0	2.0	71.5	3.3
	T2	3.0	3.2	11.0	16.0	19.0	13.5	9.0	2.0	3.0	73.0	3.4
C3F	T3	3.0	3.0	11.0	16.0	19.0	14.0	9.0	2.0	3.0	74.0	3.5
	T4	3.0	3.0	11.5	16.5	19.0	14.0	9.0	2.0	3.0	75.0	3.6
	T5	3.0	3.0	11.5	16.0	19.0	14.0	9.0	2.0	3.0	74.5	3.0

注：总分不包括劲头、浓度和质量档次。总得分为加权平均值。计算方法：前作处理下（大麦、冬闲、绿肥）总得分=1/2（习惯处理下总得分＋平衡处理下得总分）；施肥处理下（习惯、平衡）总得分=1/3（前作大麦处理下总得分＋前作冬闲处理下得总分＋前作绿肥处理下得总分）。

4. 讨论与结论

大田试验表明，当施用生物炭后，土壤（沙土）的盐基饱和度是原来的 10 倍。不同质地的土壤，施用生物炭后土壤 pH 从 5.4 增加到 6.6，且在黏土中 pH 升高幅度比沙土和壤土要大（袁金华等，2010）。土壤中添加 2%的生物炭，67d 后发现土壤的 pH、有机碳含量以及 Ca、K、Mn、P 的含量明显升高（Novak et al.，2009；Chan et al.，2008）。添加生物炭通常能促进菌根真菌对植物根部的侵染，增加菌根真菌的丰度，但有人利用磷脂脂肪酸法研究发现，不同来源生物炭能明显增加土壤中真菌或革兰氏阴性菌的生物量（Warnock et al.，2007；Steinbeiss et al.，2009）。生物炭不仅是土壤的调节剂，而且有肥料作用，提高作物产量、质量（张文玲等，2009）。生产优质烤烟需要良好的土壤环境条件，在具有良好结构和肥力状况的土壤上种植烟草是提高烟叶品质的关键。生物炭作为可持续土壤管理的一种有效的辅助手段，经本试验发现，增施生物炭及钼肥有利于紫色土有机质、有效钼含量提高，能改善烤烟农艺性状、经济性状，提高烟叶钾含量，降低烟碱含量，提高烟叶内在化学成分协调性和感官评吸质量。土壤施用钼肥并增加用量，更有利于土壤有效钼含量增加。而钼肥施用对烤烟的影响表现为：分期多次叶面喷施＞根施和一次叶面喷施＞根施。因此，钼肥施用宜采用根施和叶面喷施配合的方式。

十、红花大金元品种化学肥料、化学农药减量增效技术试验研究

1. 研究背景

化学肥料和农药是确保烟叶产量和品质的重要生产资料，在烟草生产中发挥了巨大作用。随着化学肥料和化学农药使用量的不断增加，植物对病虫害的抗药性不断增强，化肥和农药用量越来越大，环境污染问题越来越重。就烟草生产本身而言，肥料和化学农药的使用凸显的问题也越来越多。化学农药作为一种防治病虫害的手段，除了对部分病害和虫害能够起到立竿见影的效果外，对很多病害如青枯病、烟草黑胫病、病毒病等的防效并不理想，然而农民和烟草企业在严重的病虫灾害面前，不得不使用这些农药，暴露出农药本身以及使用技术的局限性。烟草行业为了自身存在与发展的需要，要求生产安全、无公害的有机烟叶，来顺应公众对"吸烟与健康"的呼声。烟草"重金属"事件使烟草行业越来越感到烟叶安全的严峻性，对烟叶生产过程中化学品的使用，特别是农药的控制也越来越严格。今后相当长的时期内，使用农药仍将是与烟草病虫草害做斗争的重要

手段（丁伟等，2007）。因此，提高农药使用效果、降低农药使用量是提高烟叶安全性的根本出路之一。本研究从烟草化肥肥料和化学农药使用技术的角度，分析影响其使用效果的关键因素，旨在改进化学肥料和化学农药使用技术，提高化肥和农药利用率，增加烟叶安全性。

2. 材料与方法

（1）试验地点和时间

试验地点：昆明市禄劝县皎平渡镇永善村委会加贡组毛发荣承包地。

试验时间：2016 年 4 月至 9 月。

（2）供试土壤基本农化性状

供试土壤为红壤，土壤肥力高，土壤基本农化性状如下：土壤 pH 为 5.87，有机质含量 33.2g/kg，有效氮 154.68mg/kg，有效磷 52.86mg/kg，速效钾 237.5mg/kg。

（3）试验设计与处理

研究采用同田对比的试验方法，设 4 个处理，每个处理 0.5 亩，不设重复，各处理设计如下：T1，常规施用化肥（常规用量＋常规施用技术）＋常规使用化学农药（常规用量＋常规使用技术），作为对照；T2，化肥减量技术（化肥用量减 20%＋生物炭基复混肥＋秸秆还田技术）＋常规使用化学农药（常规用量＋常规使用技术）；T3，常规施用化肥（常规用量＋常规施用技术）＋化学农药减量使用技术（化学农药用量比常规减 10%＋抑制两黑病类生物有机肥＋多肽保）；T4，化肥减量技术（化肥用量减 20%＋生物炭基复混肥＋秸秆还田技术）＋化学农药减量使用技术（化学农药用量比常规减 10%＋抑制两黑病类生物有机肥＋多肽保）。

（4）田间调查与样品分析

在烤烟打顶期调查烟株主要农艺性状，包括：有效叶数、株高、腰叶长、腰叶宽、计算腰叶面积（计算方法如前文所示）等。

按小区进行分级测产，计算产值、均价及各等级所占比例，采集各小区上部（B2F）、中部（C3F）、下部（X2F）烟叶样品进行室内检测化学品质，对上部（B2F）、中部（C3F）进行感官质量的分析。

3. 结果与分析

（1）两减技术对红花大金元农艺性状的影响

由表 5－59 可见，T3、T4 处理打顶株高及腰叶面积显著或极其显著高于 T1、T2。T2、T3、T4 有效叶数显著高于对照 T1。总体来看，减肥、减药技术均能改善红花大金元农艺性状，减药技术对红花大金元农艺性状的影响较大。

表 5-59　不同处理红花大金元农艺性状比较

处理	打顶株高（cm）	有效叶数（片）	腰叶长（cm）	腰叶宽（cm）	腰叶面积（cm²）
T1 对照	76.8b	16b	68a	28.3b	1 219b
T2 减肥	80.8b	17.3a	73.8a	27.3b	1 275.3b
T3 减药	90.5a	17.5a	73a	31.3a	1 449a
T4 减肥减药	93.8a	18a	74a	31a	1 457.1a

（2）两减技术对红花大金元经济性状的影响

由表 5-60 可见，T2、T3、T4 处理产量、产值、单叶重明显高于对照 T1，产量分别提高 11%、21.9%、21.9%，产值分别提高 29%、42.9%、26.8%，T2、T3 均价、上等烟比例明显高于 T1、T4。总体来看，减肥、减药技术下，烟叶经济性状均有明显改善，减药技术对红花大金元综合经济性状的影响较大。

表 5-60　不同处理红花大金元烟叶经济性状比较

处理	产量（kg/亩）	产值（元/亩）	均价（元/kg）	上等烟比例（%）	单叶重（g）		
					B2F	C3F	X2F
T1 对照	118.1	2 583.0	21.9	33.6	9.9	11.0	9.6
T2 减肥	131.2	3 331.4	25.4	40.0	11.2	11.1	11.1
T3 减药	143.9	3 690.9	25.6	43.2	12.6	11.9	10.8
T4 减肥减药	144.0	3 276.0	22.7	32.3	11.6	11.4	10.5

（3）两减技术对红花大金元烟叶内在化学成分的影响

由表 5-61 可见，T2、T3、T4 处理相对于 T1 对照，烟叶总氮、烟碱含量降低，烟叶钾含量提高，烟叶总糖、还原糖、淀粉含量也有所提高，综合烟叶内在化学成分来看，减肥、减药技术均利于烟叶内在化学成分协调性提高，其中减药条件下烟叶内在化学成分协调性表现最好。

表 5-61　不同处理红花大金元烟叶内在化学成分比较

部位	处理	总糖(%)	还原糖(%)	总氮(%)	烟碱(%)	K₂O(%)	氯(%)	淀粉(%)	两糖差(%)	糖碱比	氮碱比	钾氯比
B2F	T1	34.2	26.3	2.31	2.66	1.72	0.10	3.5	7.9	9.9	0.87	17.4
	T2	42.0	32.7	1.96	2.43	1.91	0.07	4.3	9.4	13.5	0.81	28.8
	T3	37.5	28.8	1.99	2.23	1.90	0.12	4.0	8.7	13.0	0.90	15.4
	T4	39.8	31.8	1.81	2.26	1.88	0.10	4.8	8.1	14.0	0.80	18.8
C3F	T1	35.9	26.3	2.22	2.39	1.97	0.09	3.3	9.6	11.0	0.93	22.2
	T2	37.6	30.0	1.97	2.10	2.39	0.07	3.9	7.7	14.3	0.94	34.1
	T3	38.7	29.6	1.93	1.93	2.64	0.08	5.4	9.1	15.3	1.00	33.4
	T4	39.0	28.5	1.89	1.91	2.61	0.09	4.7	10.4	14.9	0.99	30.2
X2F	T1	34.9	29.2	2.18	2.26	1.73	0.06	2.0	5.7	12.9	0.96	29.6
	T2	37.3	28.4	1.90	2.08	1.93	0.07	5.4	8.9	13.6	0.91	28.8
	T3	33.0	25.2	1.96	1.93	2.67	0.11	3.4	7.8	13.0	1.01	25.1
	T4	39.0	28.7	1.88	1.83	2.47	0.09	3.7	10.3	15.7	1.03	27.2

（4）两减技术对红花大金元烟叶感官评吸质量的影响

由表 5-62 可见，T2、T3、T4 处理相对于 T1 对照，烟叶香气质、香气量提高，杂气减轻，综合烟叶感官评吸质量档次，减肥、减药技术均有利于红花大金元烟叶感官评吸质量提高，同时减肥、减药条件下红花大金元烟叶感官评吸质量表现最好。

表 5-62　不同处理红花大金元烟叶感官评吸质量比较

部位	处理	香型	劲头	浓度	香气质	香气量	余味	杂气	刺激性	燃烧性	灰色	得分	质量档次
B2F	T1	清偏中	3.2	3.2	11.3	16.2	19.3	13.3	8.9	3.0	3.0	74.8	3.5
	T2	清香	3.0	3.0	12.3	16.7	19.3	13.8	8.9	3.0	3.0	76.8	3.7
	T3	清香	3.0	3.0	11.8	16.7	19.3	13.3	8.9	3.0	3.0	75.8	3.6
	T4	清香	3.0	3.0	12.3	17.2	19.3	13.8	8.9	3.0	3.0	77.3	3.7
C3F	T1	清香	3.0	3.0	11.8	16.7	19.3	13.8	8.9	3.0	3.0	76.3	3.6
	T2	清香	3.0	3.0	12.3	16.7	19.3	13.8	8.9	3.0	3.0	76.8	3.7
	T3	清香	3.0	3.0	12.3	16.7	19.3	14.3	8.9	3.0	3.0	77.3	3.7
	T4	清香	3.0	3.0	12.3	17.2	19.3	14.3	8.9	3.0	3.0	77.8	3.8

注：总分不包括劲头、浓度和质量档次。总得分为加权平均值。计算方法：前作处理下（大麦、冬闲、绿肥）总得分=1/2(习惯处理下总得分+平衡处理下总得分)；施肥处理下（习惯、平衡）总得分=1/3(前作大麦处理下总得分+前作冬闲处理下得总分+前作绿肥处理下得总分)。

4. 结论

综上可见，减肥、减药技术均有利于红花大金元烤烟农艺性状、经济性状、内在化学成分及感官评吸质量的提高，其中减药条件下红花大金元农艺性状、经济性状、烟叶内在化学成分协调性均表现最好，同时减肥减药技术条件下，红花大金元烟叶感官评吸质量表现最好。

第六章

红花大金元品种主要病害绿色防控技术试验研究

一、红花大金元品种黑胫病、普通花叶病绿色防效技术试验研究

1. 研究背景

在烟草生产过程中，随着品种更换、气候变化、栽培模式的变更等因素改变，威胁烟草安全生产的病虫害也日益严重，给烟草产业带来了巨大的经济损失。其中，烟草黑胫病（*Phytophthora parasitica* var. *nicotianae*）和烟草花叶病毒（tobacco mosaic virus，TMV）导致的烟草花叶病是烟草种植过程中，最具毁灭性的土传病害之一。其中烟草黑胫病在烟草种植过程中的发病率平均为 10%～20%，严重烟田的发病率可高达 75%，甚至造成烟叶绝收（刘君丽等，2003）。目前对这两种病害的防治主要采取培育抗病品种、施用化学农药和综合防治管理等措施（马武军等，1999；常寿荣等，2008）。农药的大量滥用和不科学使用造成烟田生态系统农残累积，导致病害抗药性迅猛上升，加大了防控难度，降低了烟叶品质，严重影响烟草的安全生产，污染农田环境，破坏生态平衡（彭清云等，2008）。因此，开展烟草病害绿色防控集成应用迫在眉睫。

因此，笔者在烤烟品种红花大金元种植区域，专门针对植物有机诱导抗病剂"多肽保"的施用技术有效性开展试验研究，旨在为指导大田生产过程中烟草病害防控提供有效的技术指导。

2. 材料与方法

（1）试验时间、地点

试验于 2008 年开展，地点为昆明市禄劝县屏山镇六块村委会。

（2）试验材料

品种为红花大金元，供试药剂为多肽保（10％菌丝蛋白颗粒）。

（3）试验设计与处理

试验采用小区随机区组设计，设 6 个处理，每个处理 4 次重复，共 24 个小区，每小区面积 72m²，移栽烤烟 130 株，各处理设置如下：T1，每亩使用多肽保（10％菌丝蛋白颗粒）500g 移栽时根施 1 次。T2，每亩使用多肽保（10％菌丝蛋白颗粒）500g 移栽时根施 1 次，栽后 20～25d 兑水灌根 1 次。T3，每亩使用多肽保（10％菌丝蛋白颗粒）1 000g 移栽时根施 1 次。T4，每亩使用 10％菌丝蛋白 1 000g 移栽时根施 1 次，栽后 20～25d 兑水灌根 1 次。T5，常规防治处理（栽后 5d，用 58％甲霜·锰锌可湿性粉剂 600 倍液预防黑胫病 1 次；栽后 15d，用 20％盐酸吗啉胍·乙酸铜可湿性粉剂 500 倍液、24％混脂·硫酸铜水乳剂 600 倍液预防病毒病各 1 次，间隔 7d；现蕾期用 40％新密酶酯可湿性粉剂 500 倍防治赤星病 2 次，间隔 7d）。T6，施清水作为对照。

（4）病害调查方法

烤烟移栽 15d 后，进行第一次病害调查，移栽 30d 后进行第二次病害调查，每次均调查各小区所有烟株，记录发病株数，计算发病率。

3. 结果与分析

（1）多肽保（10％菌丝蛋白颗粒）对红花大金元黑胫病的预防效果

从表 6-1 看出，多肽保（10％菌丝蛋白颗粒）对黑胫病具有一定的诱导抗性作用。与对照相比，处理 T4（每亩分 2 次施用 1 000g 多肽保）预防红花大金元品种黑胫病效果较好，对前期黑胫病的预防效果达到了 87.89％，对后期黑胫病的预防效果达到 76.98％，较施用甲霜·锰锌预防黑胫病具有更好的效果。

表 6-1 多肽保不同处理对红花大金元黑胫病的预防效果

处理	第一次调查结果			第二次调查结果		
	发病株数	发病株率（％）	相对防效（％）	发病株数	发病株率（％）	相对防效（％）
T1	1.8	4.18	12.73	2.25	5.23	30.82
T2	1.5	3.48	27.35	1.75	4.07	46.16
T3	1.8	4.18	12.73	2	4.65	38.49

（续）

处理	第一次调查结果			第二次调查结果		
	发病株数	发病株率（%）	相对防效（%）	发病株数	发病株率（%）	相对防效（%）
T4	0.25	0.58	87.89	0.75	1.74	76.98
T5	2	4.65	2.92	2.5	5.81	23.15
T6（CK）	2.3	4.79	—	3.25	7.56	—

（2）多肽保（10％菌丝蛋白颗粒）对红花大金元 TMV 的预防效果

从表 6-2 看出，多肽保（10％菌丝蛋白颗粒）对烟株抗 TMV 具有一定的诱导抗性作用。比较而言，处理 T2（每亩分 2 次施用 500g 多肽保）和处理 T4（每亩分 2 次施用 1 000g 多肽保）效果较好，对 TMV 的预防效果均达到了 100％；处理 T3（每亩 1 次施用 1 000g 多肽保）防治效果达到了 80.07％，比使用病毒抑制剂预防病毒病效果更好。

表 6-2　多肽保不同处理对红花大金元 TMV 的预防效果

处理	发病株数	发病株率（%）	相对防效（%）
T1	0.5	1.16	60.14
T2	0	0	100
T3	0.25	0.58	80.07
T4	0	0	100
T5	0.75	1.74	40.21
T6（CK）	1.25	2.91	—

4. 讨论与结论

小区试验证明，在红花大金元品种烟苗移栽期间，根施抗病诱导剂多肽保（10％菌丝蛋白颗粒）可以诱导烟株产生抗性，有效地减少烟株黑胫病和 TMV 的发病率。这一技术为抗病性退化的红花大金元老品种栽培时的病害控制，提供了一种有效方法，施用抗病诱导剂对提高烟叶安全性和做好环境保护均有益处。自 2008 年以来，在烟草等作物上开展了植物有机诱导抗病剂"多肽保"防控烟草黑胫病、烟草花叶病、镰刀菌萎蔫病和烟草赤星病的研究，均获得了较好的效果（Dong et al.，2002；Chen et al.，2006；徐长亮，2009；徐兴阳等，2010；Chang et al.，2010；端永明等，2011）。

二、释放胡瓜钝绥螨对蓟马传播的红花大金元番茄斑萎病的控制效果试验研究

1. 研究背景

蓟马（Thrips）逐渐成为苗期烟草生产上的主要害虫之一（Chappell 等，2013；董大志等，2011），尤其是部分蓟马种类因取食而传播番茄斑萎病毒（Tomato spotted wilt virus，TSWV）、烟草条纹病毒（Tobacco streak virus，TSV）、烟草环斑病毒（Tobacco ring spot virus，TRSV）等多种植物病毒造成的危害更为严重（谢永辉等，2013）。据报道，蓟马主要危害烤烟苗期和开花期，在烤烟苗期，蓟马对烤烟的危害株率与 TSWV 病株率和危害程度呈现出正相关性（谢永辉等，2019）。近年来，昆明烟区烤烟苗期蓟马危害较为严重，平均害株率为 35.78%，优势种类为能高效率传播 TSWV 的西花蓟马（*Frankliniella occidentalis*）（谢永辉等，2019）。据笔者初步调查，烤烟苗期受蓟马危害株率严重时可高达 80% 以上，并可直接导致移栽后的田间烟株 TSWV 发病率达 30% 以上。烤烟在设施中育苗，环境较为稳定，受外界因素影响较小，适合采用天敌进行蓟马的生物防治；尤其在烟草农药残留逐渐被消费者重视的形势下，绿色防控成为烤烟病虫害防治的重要举措（薛超群等，2017）。作为近年来商品化的主要天敌生物之一（张礼生等，2014），捕食螨（predatory mites）已经在多种作物上用于蓟马的生物防治（黄建华等，2016），尤其对蓟马若虫的捕食效果极为明显（尚素琴等，2016），但是对烤烟上蓟马传播的 TSWV 防治效果鲜有相关系统的研究报道。对释放捕食螨对烤烟大田期番茄斑萎病的控制效果进行系统研究，旨在为捕食螨对烤烟上的蓟马防治应用提供理论依据，降低烤烟感染 TSWV 的风险，切实提升烟叶质量安全。

2. 材料和方法

（1）供试虫源

捕食螨选择在昆明市五华区西翥街道昆明市烟草公司厂口实验室捕食螨中，试生产线用椭圆食粉螨饲养扩繁的胡瓜钝绥螨。

（2）研究方法

2018 年，在富民县款庄镇苗期采用上述小杯缓释（点状释放）方法

示范 1 500 亩（在育苗出苗期释放一次胡瓜钝绥螨，释放量为 1.6 万～
2 万头/棚）。从中选取 200 亩，其中 100 亩作为 T1，移栽后不再释放胡瓜
钝绥螨；另外 100 亩作为 T2，在掏苗时候再采用上述单株撒释（面状释
放）方法释放一次胡瓜钝绥螨（释放量为 15～20 头/株），释放后 30 日内
避免使用化学杀虫剂（杀菌剂除外），以免伤害天敌胡瓜钝绥螨。如局部
出现蚜虫等烟草其他害虫为害，可使用对天敌影响较小的印楝素等药剂进
行局部防治。同时设置 100 亩从不释放胡瓜钝绥螨的常规田（苗期也不释
放），作为 CK 对照。各处理其他操作均按照昆明市优质烟生产标准进行
配套管理。

在采烤前调查一次各处理受 TSWV 侵染的病株数和病情指数，并计
算各处理的防效。调查方法在参考国标《烟草病虫害分级及调查方法》
（GB/T 23222—2008）的基础上稍做修改。具体规定如下：0 级，全株无
病斑；1 级，全株有 1/10 以下的叶片有病斑；3 级，全株有 1/10～1/5 的
叶片有病斑；5 级，全株有 1/5～1/3 的叶片有病斑；7 级，全株 1/3～
2/3 的叶片有病斑；9 级，全株 2/3 以上的叶片有病斑（所有比例区间含
后者，不含前者）。每个处理随机选 3 片区域进行调查（作为 3 次重复），
每片区域随机调查 500 株，调查病株率和病情指数。

（3）数据统计与分析

实验数据采用 EXCEL 和 SPSS 18.0 进行统计分析，利用邓肯氏新复
极差法（DMRT）进行差异显著性分析，置信度 P＝0.01。实验所得数据
采用以下公式计算：病株率（％）＝病株数/调查总株数×100；病情指
数＝100×∑（各级病叶数×各级代表值）/（调查总叶数×最高级代表
值）；防效（％）＝（对照病情指数－处理病情指数）/对照病情指数×100。

3. 结果与分析

由表 6 - 3 看出，胡瓜钝绥螨不同释放次数的示范区对 TSWV 均有一
定的防治效果，并且释放胡瓜钝绥螨的次数越多，对 TSWV 的防治效果
越好；仅在出苗时释放 1 次与出苗和掏苗时各释放 1 次的两种处理下，病
株率均降低至 3％左右，病情指数均降低至 2.5 左右，防效均达 34％以
上。方差分析结果表明：仅出苗时释放 1 次与出苗和掏苗时各释放 1 次的
两种处理之间，无论是在病株率、病情指数还是防治效果方面均没有显著

差异（$P>0.05$）；然而两种处理和对照在病株率和防治效果方面均有极显著差异（$P<0.01$），在病情指数方面均有显著差异（$P<0.05$）。

表 6－3 不同处理对烟田 TSWV 的防治效果

处理	病株率（%）	病情指数	防治效果（%）
CK：对照，未释放区	5.40±0.53aA	4.04±0.32aA	0bB
T1：仅出苗时释放 1 次	3.13±0.35bB	2.64±0.31bA	34.50±5.09aA
T2：出苗和掏苗时各释放 1 次	2.80±0.31bB	2.47±0.25bA	38.72±1.89aA
	$F=12.06$，$P<0.01$	$F=8.36$，$P<0.05$	$F=46.34$，$P<0.01$

综合胡瓜钝绥螨不同释放次数的示范区对 TSWV 的防治效果来看，仅出苗时释放 1 次的处理已经可以对 TSWV 的病株率、病情指数和防效具有较理想的效果，在大田期增加胡瓜钝绥螨释放次数并没有明显提升其对 TSWV 的防效，反而会因此大幅增加防治成本。

4. 讨论与结论

西花蓟马一般随着烟株的移栽开始迁飞至烟田，并随着烟株的生长发育逐渐增加种群数量，对蓟马的防治应该坚持"预防为主，防治结合"的原则，在其快速增长前进行防治。穆青等（2016）研究表明，选择移栽期和团棵期 2 个时期释放捕食螨能取得较好的防治效果；烟株进入旺长期后，在蓟马增长速度较快或是蓟马危害较猖狂的年份，应辅以低毒农药进行防治；或是先喷施低毒农药降低蓟马虫口数量，再进行捕食螨释放；胡瓜钝绥螨和斯氏钝绥螨对烟草番茄斑萎病的控制效果均在 51% 以上，显著高于空白对照，其中释放斯氏钝绥螨的控制效果稍好于胡瓜钝绥螨，但在实际应用中斯氏钝绥螨防治成本约为胡瓜钝绥螨的 4 倍。虽然胡瓜钝绥螨释放密度与防治效果呈正相关，但释放中等密度和高密度防效差距较小。因此，兼顾防效和成本因素，移栽期和团棵期分别按 $2.25×10^6$ 头/hm^2 和 $3.75×10^6$ 头/hm^2 释放胡瓜钝绥螨，更利于今后示范推广。

本研究表明，胡瓜钝绥螨释放次数在一定程度上直接影响红花大金元 TSWV 的防治效果，然而在实际烤烟病虫害防治过程中，除了考虑对病虫害的防治效果，还应考虑合作社或者烟农能接受的防治成本，过多的释放次数会产生较高的防治成本，却未必产生很高的防治效益。尤其是大田期，整个释放胡瓜钝绥螨的过程，无论是采用单株撒释（面状释放）还是挂袋缓释（点状释放），均需花费大量的人力和时间成本，使得生物防治本就相对较高的防治成本雪上加霜，示范区农户难以接受，严重阻碍了进一步大面积示范应用。

潘义宏等（2018）研究表明，烟田西花蓟马迁入始期与烟草移栽期一致，集中在4月下旬；到6月26日西花蓟马数量达到高峰值，蓝板诱集数量达368头/块，之后西花蓟马数量急剧减少，7月16日之后进入缓慢减少期。综合防治区西花蓟马发生数量较少，最高诱集数量仅为69头/块，远低于空白对照区（325头/块）。从防治效果上看，综合防治措施对西花蓟马和烟草番茄斑萎病的防治效果，均随着时间的延长整体呈升高趋势，化学防治区的防治效果与之相反。其中，综合防治措施对西花蓟马的防效最高达77.05％，对烟草番茄斑萎病的防效最高达75.72％。在烤烟生长后期（8月5日），综合防治措施对西花蓟马、番茄斑萎病的防效分别为55.55％、75.72％，而化学防治的防效分别仅为11.12％、28.43％，说明综合防治措施对西花蓟马和烟株番茄斑萎病具有较好的防治效果，且保持时间较长，具有较好的推广应用价值。因此，为有效控制西花蓟马在烟草上的危害，应采用物理防治（插置功能型蓝板）、生物防治（释放胡瓜钝绥螨）和微生物菌剂防治（喷施球孢白僵菌）等相结合的综合防治措施。

第七章

红花大金元品种关键配套采烤技术试验研究

一、红花大金元品种采收成熟度试验研究

（一）研究背景

成熟度是烟叶生产的核心，是影响烟叶质量，特别是香气量和香气浓度的重要因素。它反映着烟叶内各种化学成分的含量、比例等的变化程度，极大地影响着烟叶的色、香、味，以及化学性质、物理性状、吸食质量及使用价值等，也是保证和提高烤后烟叶品质和外观质量的前提（朱尊权等，1990）。红花大金元品种鲜烟叶中色素含量较高，成熟慢，容易采青，因此导致烤后烟叶的产值较低（张树堂等，1997）。目前红花大金元成熟度的研究主要集中在不同成熟度对烤后烟叶的化学成分、经济性状和上等烟叶质量的影响上（舒中兵等，2009；朱贵川等，2009；谢利忠，2009；郝春玲，2010），也有少量关于烟叶成熟度对保护酶活性的影响。但是对红花大金元烟叶成熟衰老过程的认识不够全面，以及成熟度与细胞结构、色素降解、水分散失的机理、化学成分的变化和调制效应之间关系的探索也较少。

因此笔者系统研究了不同采收成熟度和采收模式对红花大金元烟叶烘烤质量形成的原因，为制定符合红花大金元质量风格的成熟采收技术标准，以及提高红花大金元烟叶的烘烤质量提供参考依据。

（二）材料与方法

1. 试验材料

烤烟品种：红花大金元，选取大田管理规范、个体与群体生长发育协

调一致、落黄均匀的优质烟示范田开展试验；烤房为卧式密集烤房（8.0m×2.7m），烘烤燃料为褐煤。

2. 试验设计与处理

T1，上部叶（46片）逐叶一次采收；T2，上部叶（46片）带茎一次采收；T3，上部叶（46片）常规分2次采收，每次采收23片。上部叶采收时从顶部向下对第1叶位至第6叶位依次做标记，每个处理80株，设3次重复，随机小区排列；T1和T2采烤时间与常规第1次采烤时间同步；编竿后挂在同一密集烤房的二层中间位置，采取三段式烘烤工艺进行烟叶烘烤。

3. 采样与分析

外观质量：统计分析不同叶位烤后烟叶单叶重，依据GB 2635—92进行，包括颜色、成熟度、油分、结构、光泽、身份等。

常规化学品质指标：包括总糖、还原糖、总植物碱、总氮、淀粉、蛋白质、钾、氯等，参照实验室常规方法进行检测。

感官评吸鉴定：按照YC/T 138—1998的规定进行测定，包括香型、香气质、香气量、杂气、浓度、刺激性、劲头、余味、燃烧性、灰色等。

烟叶等级质量：依据GB 2635—92进行分级，计算上中等烟比例、均价、单叶重等指标并进行评价。

4. 数据处理

采用EXCEL和DPS软件进行统计数据分析。

（三）结果与分析

1. 不同采收模式处理对红花大金元烟叶经济性状的影响

从表7-1可以看出，与T3相比，T1第13叶位上等烟比例提高5.0%，上中等烟比例降低0.1%，杂色烟降低4.4%，均价提高3.51元/kg，增幅19.06%；第46叶位上等烟比例提高0.7%，上中等烟比例提高4.2%，杂色烟提高0.1%，均价提高1.04元/kg，增幅4.30%；第16叶位上等烟比例提高2.8%，上中等烟比例提高2.0%，杂色烟降低2.2%，均价提高1.49元/kg，增幅6.69%。与T3相比，T2第13叶位上等烟比例提高3.8%，上中等烟比例降低3.2%，杂色烟降低3.8%，均价提高2.46元/kg，增幅13.36%；第46叶位上等烟比例提高2.2%，上中等烟比例提高4.4%，杂色烟提高1.1%，均价提高1.76元/kg，增幅7.28%；

第 16 叶位上等烟比例提高 3.0%，上中等烟比例提高 0.6%，杂色烟降低 1.4%，均价提高 1.54 元/kg，增幅 6.91%。综合对比可以看出，T1 经济性状表现最好，其次为 T2，T3 表现较差，一次性采烤和带茎采烤提高烟叶均价平均增幅 6% 左右，其中对第 13 叶位烟叶均价增幅最为明显，在 13% 以上。

表 7-1 不同采收模式红花大金元烟叶经济性状比较

处理	叶位	上等烟（%）	上中等烟（%）	杂色烟（%）	均价（元/kg）	均价与T3相比增减（%）
	13	9.3	54.5	15.6	21.93	19.06
T1	46	26.2	65	10.2	25.2	4.3
	16	17.7	59.7	12.9	23.77	6.69
	13	8.1	51.4	16.2	20.88	13.36
T2	46	27.7	65.2	11.2	25.92	7.28
	16	17.9	58.3	13.7	23.82	6.91
	13	4.3	54.6	20	18.42	—
T3	46	25.5	60.8	10.1	24.16	—
	16	14.9	57.7	15.1	22.28	—

2. 不同采收模式处理对红花大金元烟叶外观质量的影响

从表 7-2 可以看出，上部烤后烟叶 T1 平均单叶重 13.31g/片，T2 平均单叶重 12.93g/片，分别较 T3 平均单叶重降低 0.11g/片、0.49g/片，降幅 0.82%、3.65%，T3 与 T1、T2 存在显著差异。从相同叶位数据对比可以看出，第 4 叶位、第 6 叶位单叶重，T3 与 T1 差异不显著，与 T2 存在显著差异；第 1 叶位、第 3 叶位单叶重存在显著差异，T3 最重，其次为 T1，T2 最轻。这可能与带茎烘烤烟叶水分含量高且茎秆中水分难蒸发，导致烘烤时间延长有关，同时由于分两次采烤，第 1 叶位、第 3 叶位的烟叶田间留养时间延长，一定程度上有利于鲜烟叶内含物质的积累。

从表 7-3 可以看出，烤后烟叶颜色都呈"橘黄色"，T1 第 1 叶位和 T2 第 1 叶位成熟度表现为"成熟－"外，不同处理其他各叶位都表现为"成熟"。与 T3 相比，T1 中第 6 叶位在身份、油分、结构 3 方面有所提高；第 3 叶位、第 5 叶位油分有所提高，其中第 3 叶位油分提高明显，其他外观品质因素差异不大，说明上部叶一次性采烤对第 3 叶位、第 6 叶位的外观品质有一定的改善作用。T2 中第 1 叶位烟叶结构为紧密有所下降，第 2 叶位身份为稍厚有所提高，第 4 叶位、第 6 叶位身份、油分、叶片结构有所提高，第 5 叶位、第 6 叶位色度有所下降，其他各叶位品质因素差异不大。说明上部叶带茎采烤除第 1 叶位外，对其他叶位外观品质有一定的改善作用，其中第 5 叶位、第 6 叶位品质因素整体提高明显。

表 7-2　不同采烤模式红花大金元烤后单叶重比较（g/片）

处理	第 1 叶位	第 2 叶位	第 3 叶位	第 4 叶位	第 5 叶位	第 6 叶位	平均叶重	与处理 3 相比增减%
T1	11.21b	12.86b	13.46b	14.66a	14.12a	13.55a	13.31b	−0.82
T2	10.68c	12.42c	12.89c	14.36b	13.92b	13.24b	12.93c	−3.65
T3	11.51a	13.02a	13.66a	14.68a	14.14a	13.53a	13.42a	—

表 7-3　不同采收模式红花大金元烟叶的外观质量比较

处理	叶位	颜色	成熟度	身份	油分	色度	结构
T1	1	橘黄	成熟−	厚−	稍有	弱	稍密
	2	橘黄	成熟	稍厚+	稍有	弱	稍密
	3	橘黄	成熟	稍厚	有	中	稍密
	4	橘黄	成熟	稍厚	有	中	尚密
	5	橘黄	成熟	中等	有	强	尚密
	6	橘黄	成熟	厚−	有	强	疏松
T2	1	橘黄	成熟−	稍厚	稍有	弱	紧密
	2	橘黄	成熟	稍厚	稍有	弱	稍密
	3	橘黄	成熟	中等+	稍有	中	稍密
	4	橘黄	成熟	中等	有+	中	尚密
	5	橘黄	成熟	中等	有	中	疏松
	6	橘黄	成熟	厚−	有	中	疏松
T3	1	橘黄	成熟	厚−	稍有	弱	稍密
	2	橘黄	成熟	稍厚+	稍有	弱	稍密
	3	橘黄	成熟	稍厚	稍有	中	稍密
	4	橘黄	成熟	稍厚	有−	中	稍密−
	5	橘黄	成熟	稍厚	有−	强	尚密
	6	橘黄	成熟	稍厚−	有−	强	尚密

3. 不同采收模式处理对红花大金元烟叶化学品质的影响

通过对不同采烤模式外观质量比较发现，第46叶位品质因素改善较为明显，因此，烟叶常规化学成分检测采取对第13叶位混合样和第46叶位混合样进行统计对比。一般认为，烤烟上部叶化学成分适宜含量为烟碱3.0%～3.5%，总糖20%～25%，还原糖16%～21%，总氮1.6%～2.8%，氧化钾＞2.0%，氯0.3%～0.6%，淀粉＜5.0%，蛋白质7.0%～9.0%，糖碱比6.0～10.0，氮碱比0.6～0.8，两糖比＞0.75，钾氯比＞4.0。

从表7-4可以看出，不同采烤模式烤后烟叶烟碱、蛋白质含量偏高，总糖、氯含量偏低，还原糖、总氮、氧化钾、淀粉含量比较适宜，糖碱比和氮碱比偏低，化学成分协调性一般，这与当地田间鲜烟叶品质、气候和自然环境等因素有关。对不同采烤方式间进行对比分析可知，T1、T2与T3相比，其烟碱降低，蛋白质降低，总糖提高，氯提高，其变化趋势都趋向于上部烟叶适宜化学成分含量范围，说明上部烟叶一次性采烤和带茎采烤模式更有利于烤后烟叶整体内在化学成分的协调。钾能提高烟叶的燃烧性，使灰色洁白，叶片柔和，外观品质提高，与T3相比，T1和T2第13叶位氧化钾含量分别提高6.48%、3.24%；第46叶位氧化钾含量分别提高15.49%、13.72%。说明上部叶一次性采烤和带茎采烤模式可提高烤后烟叶的燃烧性，尤其是对第46叶位叶片的影响较为明显。

表7-4 不同采收模式红花大金元烟叶化学成分比较

处理	烟碱（%）	总糖（%）	还原糖（%）	总氮（%）	K_2O（%）	Cl（%）	淀粉（%）	蛋白质（%）	糖碱比	氮碱比	两糖比（%）	钾氯比
T1 (13)	4.38	19.3	17.1	2.52	2.63	0.26	3.97	12.54	4.41	0.85	1.13	10.12
T2 (13)	4.15	21.8	19.8	2.63	2.55	0.28	3.65	12.94	5.25	0.63	1.1	9.11
T3 (13)	4.71	18.2	18.04	2.75	2.47	0.26	3.58	14.46	3.85	0.58	1.01	10.29
T1 (46)	4.65	20	18.67	2.57	2.61	0.21	2.73	13.26	4.3	0.55	1.07	12.43
T2 (46)	4.58	19	18.04	2.65	2.57	0.23	1.89	13.36	4.15	0.58	1.05	11.17
T3 (46)	4.79	16.7	16.6	2.67	2.26	0.2	2.28	15.99	3.49	0.56	1.01	11.3

4. 不同采收模式处理对红花大金元烟叶感官评吸质量的影响

根据表7-5感官评吸结果可知，不同处理各叶位烟叶香型、劲头、浓度无明显差异，不同采烤模式对上部叶评吸质量各指标得分有不同程度的影响，从评吸得分情况来看，3 种处理都呈现第 46 叶位烟叶评吸质量优于第 13 叶位，质量档次在中等至中等＋。与 T3 相比，T1 第 13 叶位评吸得分提高 0.63 分，质量档次为中等，第 46 叶位评吸得分提高 1.40 分，质量档次为中等＋，各叶评吸质量提高明显；T2 第 13 叶位评吸得分提高 0.08 分，质量档次为中等－，质量提高不明显，第 46 叶位评吸得分提高 0.77 分，质量档次为中等，评吸质量提高较为明显。从不同采烤模式烤后烟叶综合评吸质量档次对比可以看出，T1 表现最好，其次为 T2，T3 表现相对较差。从燃烧性和灰分得分可以看出，T1 和 T2 都高于 T3，这与烟叶化学成分含量检测中氧化钾含量相对较高的结果一致，表明氧化钾提高了烟叶的燃烧特性。适宜的采收时间和烟叶田间留养程度对两种一次性采烤模式影响有待进一步研究。

表 7 - 5　不同采收模式红花大金元烟叶评吸质量比较

处理	香型	劲头	浓度	香气质 (15)	香气量 (20)	余味 (25)	杂气 (18)	刺激性 (12)	燃烧性 (5)	灰色 (5)	得分 (100)	质量档次
T1 (13)	中间	适中＋	中等＋	10.71	15.61	18.51	12.43	8.64	3.00	2.86	71.76	中等
T2 (13)	中间	适中＋	中等＋	10.57	15.64	18.43	12.14	8.64	3.00	2.79	71.21	中等－
T3 (13)	中间	适中＋	中等＋	10.5	15.5	18.5	13.00	8.5	2.65	2.48	71.13	中等－
T1 (46)	中间	适中＋	中等＋	11.43	15.57	19.21	12.56	8.57	3.00	2.86	73.2	中等＋
T2 (46)	中间	适中＋	中等＋	11.24	15.43	19.39	12.43	8.29	3.00	2.79	72.57	中等
T3 (46)	中间	适中	中等＋	10.5	15.5	19.21	12.21	9.00	2.65	2.73	71.8	中等

（四）讨论与结论

1. 采烤模式对红花大金元烟叶外观质量的影响

红花大金元不同采烤模式对初烤烟叶的外观质量有一定的影响，该研究表明，上部叶（46 片）一次性采烤或带茎一次采烤，其烟叶单叶重有所下降，但烟叶身份、油分、叶片结构等指标有所提高，尤其是对改善第 46 叶位烟叶的外观质量效果明显，这与代丽等（2009）研究的结果"一次性采收上部 46 片叶，其外观质量较好，但烤后烟叶产量和产值有所降低"基本一致。随着工业卷烟对烟叶品质要求日益提高，烟叶质量价格逐渐凸显，提高初烤烟叶质量可以弥补产值降低的缺点，一定程度上实现烟农增收，从该试验数据可以看出，两种一次性采收模式，杂色烟叶比例降低，不同叶位初烤烟叶均价提高。

2. 采烤模式对红花大金元烟叶内在质量的影响

不同采烤模式对红花大金元初烤烟叶内在质量影响较大，带茎采烤或上部叶逐片一次性采烤初烤烟叶还原糖、总氮、氧化钾、淀粉含量相对适宜，烟碱、蛋白质、总糖、氯含量具有更加接近烟叶适宜含量的趋势，烟叶内在化学品质相对分两次采烤模式协调性提高。这与杜伟文等（2011）对 K326 品种研究的结果基本一致。感官评吸质量有所改善，香气质、香气量、燃烧性提高，杂气和刺激性降低，总体质量档次上部叶一次性采烤最好，带茎一次性采烤略好于分两次采烤。

此外，上部叶分两次采烤或带茎采烤模式采收环节劳动强度及用工数会有所提高。谢已书等（2010）研究指出，带茎采烤模式含有茎秆，叶片间隙增大，烤房空间利用率较低，还会增加单位烟叶烘烤成本，并且烤后烟叶茎叶拆分工序较为烦琐，费时费工。该试验是建立在同步采烤的基础上，对三种不同采烤模式进行了系统对比，明确了以带茎或一次性逐叶采收为主的上部叶采烤模式，对保山红花大金元采烤及提高烟叶质量有一定的指导意义。田间烟叶品质对烟叶烘烤质量起着重要作用，适宜的采收时间和烟叶田间留养程度对两种一次性采烤模式影响有待进一步研究。

二、红花大金元品种烘烤工艺优化技术试验研究

（一）研究背景

随着对红花大金元品种需求的增加，对红花大金元品种烘烤质量要求也不断提高，较多的专家及学者在三段式烘烤工艺的基础上研究该品种烟叶烘烤的配套工艺，使其不断完善成熟。陈用等（2004）研究认为，红花大金元品种烘烤原则是"两停一烤、三表一计、三看三定、三严三灵活"。韩智强等（2014）在现有烘烤工艺上改进，形成更适合红花大金元品种的烟叶烘烤技术，更利于化学物质的转化、酶的活动，烟叶提质增效显著，具体为烘烤总时间下部烟从 168h 缩短为 156h，中部烟从 180h 缩短为 168h，上部烟从 178h 缩短为 170h。烘烤温度调整为变黄期烘烤温度由 27～29℃提高到 31～32℃，凋萎期温度由 38～39℃提高到 40～41℃，干叶期

温度由 43～45℃提高到 47～49℃，叶筋期温度由 63～65℃提高到 66～
67℃。此外，针对红花大金元易脱水、难变黄、定色难的烘烤特性，烟叶
烘烤变黄期和定色中前期的烘烤关键温度点及稳温时间一直是专家的研究
重点。李向东等（2003）研究了红花大金元烟叶低温延时烘烤技术，认为
红花大金元品种成熟时烟叶叶片较厚，叶脉较粗，烘烤时变色较慢，失水
较快，因而起火温度比其他品种低 2℃，变色时间较其他品种相对延长。
苏家恩等（2008）认为，烘烤起火前应喷水增加烤房内湿度，并提高起火
温度 2℃，可提高烟叶烘烤质量及降低烘烤成本。

本研究以普通烤房三段式烘烤为工艺基础，针对当地红花大金元烟叶
素质，调整烘烤变化期和定色期的关键温度点及稳温时间，以期能减少酶
促棕色化反应，协调烟叶失水与变黄速度，降低烤后青黄烟、杂烟比例，
从而提升烟叶的可用性。

（二）材料与方法

1. 试验设计

试验于 2009 年在昆明市石林县进行，烘烤试验的烟叶为正腰叶（9～
13 叶位），用普通烤房烘烤。各处理的装烟密度、容量保持一致，新的烘
烤工艺除在变黄期的稳温段温度不同外，其余部分与红花大金元品种烟叶
的原烘烤工艺相同。

T0（CK）：按原红花大金元烘烤工艺图表正常烘烤。

T1：在 38～41℃温度段稳温至烟叶完全变黄为止，稳温阶段干湿差
保持在 3～5℃，其余烘烤时段按红花大金元原烘烤工艺图表正常烘烤。

T2：在 41～44℃温度段稳温至烟叶、支脉完全变黄、烟叶凋萎为止，
稳温阶段干湿差保持在 5～7℃，其余烘烤时段按红花大金元烟叶原烘烤
工艺图表正常烘烤。

T3：在 44～47℃温度段稳温至底台烟叶叶片干燥，顶台烟叶全黄、
主脉完全变黄为止，记录延时时间，稳温阶段干湿差保持在 7～9℃，其
余烘烤时段按红花大金元原烘烤工艺正常进行。

2. 采样与分析

随机选取 10 秆入炉鲜烟叶测鲜重，出炉时再测烟叶干重。

在相同条件下，选取 20 秆烟叶按《烤烟》（GB 2635—92）标准进行

分级测产。

取正组烟叶（C3F）2.0kg，对烟叶总糖、还原糖、烟碱、总氮、蛋白质、淀粉、氧化钾、氯等化学成分进行检测和评价。

（三）结果及分析

1. 不同处理红花大金元烟叶鲜干比

由表7-6可看出，4个处理的鲜干比没有明显差异。

表7-6　不同处理红花大金元烟叶鲜干比

处理	平均鲜重（kg）	平均干重（kg）	鲜干比
T0（CK）	7.95	1.34	5.9∶1
T1	8	1.33	6.0∶1
T2	8.03	1.36	5.9∶1
T3	8.1	1.35	6.0∶1

注：表中所列为每10秆烟叶的鲜重（干重）。

2. 不同处理红花大金元烤后烟叶产量、质量分析

烤后烟叶按《烤烟》（GB 2635—92）国家标准严格进行分级，分级结果见表7-7。

表7-7　不同处理红花大金元烟叶经济性状比较

处理	正组烟叶		杂色烟叶		微带青烟叶		不列级		重量合计	上等烟		均价（元/kg）
	重量(kg)	比例(%)	重量(kg)	比例(%)	重量(kg)	比例(%)	重量(kg)	比例(%)		重量(kg)	比例(%)	
T0	21.3	79.48	0.9	3.36	3.65	6.17	0.9	3.36	26.8	11.7	43.74	13.84
T1	22.5	84.27	0	0	1.5	4.49	3	11.24	26.7	19.7	45.78	15.01
T2	23.74	87.06	0	0	1.33	3.8	0.2	0.73	27.3	13.3	48.77	15.64
T3	16.2	59.78	6.5	24	4.2	15.50	0.2	0.74	27.1	9.3	34.32	12.73

从表7-7可看出，4个处理中，T2（在41～44℃温度段稳温至烟叶、支脉完全变黄、烟叶凋萎为止）的正组烟叶比例最高（87.06%），青烟、杂色烟比例最低，上等烟叶比例最高（48.77%），均价最高（15.64元/kg）。

3. 不同处理红花大金元烟叶化学品质分析

不同处理烟叶（C3F）的化学成分结果见表7-8。其中T2（在41～44℃温度段稳温至烟叶、支脉完全变黄、烟叶凋萎为止）烟叶总糖、还原糖含量相对较高，烟碱含量适中，更符合红花大金元品种烟叶应有的内在化学成分特色，且内在化学成分协调。因此，从烟叶内在化学成分看，改进后的烘烤工艺对保持红花大金元品种的烟叶内在化学成分特色是有利的。

表7-8 不同处理红花大金元烟叶的化学成分比较

处理	总糖（%）	还原糖（%）	总氮（%）	烟碱（%）	蛋白质（%）	K_2O（%）	糖碱比	氮碱比
T0	26.30	19.85	1.85	2.58	7.87	1.88	10.19	0.72
T1	27.94	20.65	1.82	2.89	6.89	2.02	9.67	0.63
T2	32.20	22.36	1.72	2.78	7.97	2.08	11.58	0.62
T3	23.59	17.37	2.10	2.98	9.34	1.37	7.92	0.70

（四）讨论与结论

综合烤后烟叶的正组烟叶比例、微带青烟叶比例、上等烟叶比例、烟叶均价及烤后烟叶的总糖、还原糖含量看，T2（在41～44℃温度段稳温至烟叶、支脉完全变黄、烟叶凋萎为止）最好，T3（44～47℃温度段稳温至烟叶全黄、主脉完全变黄）最差，T1（38～41℃温度段稳温至烟叶完全变黄）比T0对照（红花大金元原烘烤工艺）和T3好，但没有T2好。

综上所述，在变黄期采取41～44℃温度段稳温至烟叶、支脉完全变黄，烟叶凋萎为止，其余烘烤时段按红花大金元品种烟叶原烘烤工艺进行的改进型烘烤工艺，可大大降低红花大金元品种烟叶烘烤过程中杂色和微带青烟叶的比例。

第八章 🌿
红花大金元品种储藏及复烤、醇化技术试验研究

一、红花大金元品种原烟储藏醇化技术试验研究

（一）研究背景

成熟采收的烟叶，调制后品质虽得到一定提高，但仍存在青杂气较重、吃味粗糙、刺激性较大等缺陷。因此，需要经过储藏醇化来进一步提高烟叶品质和工业可用性（肖协忠等，1997；王瑞新，2003；于建军，2003）。目前，有关复烤后片烟在醇化过程中致香物质增加（朱大桓等，1999；黄静文等，2010）、化学成分变化规律（范坚强等，2003；唐士军等，2009；周恒等，2009；武德传等，2010）、片烟最佳储藏时间（陈万年等，2003）、贮存模式对片烟醇化质量的影响（宋纪真等，2003），以及复烤片烟醇化期间微生物数量和生物酶活性随醇化时间延长呈现先升高后逐渐降低的趋势（宋纪真等，2003；赵铭钦等，2006；夏炳乐等，2007；汪长国等，2013）等已有较多报道。酶催化作用是烟叶醇化机理之一（曾晓鹰等，2009），然而关于不同储藏包裹材料对初烤后烟叶醇化和品质影响的研究报道却较少。为探索提高烟叶品质的储藏技术，以红花大金元品种烟叶为材料，设置不同储藏醇化包裹材料，以及添加混合酶制剂促进烟叶醇化试验，研究春烟收购前不同储藏措施对烟叶品质的影响，探索春烟在收购前最佳的储藏醇化技术，以期改善烟叶品质，缩短醇化周期、降低醇化成本。

（二）材料与方法

1. 试验地点与时间

试验于 2013 年 5 月至 10 月在龙陵县龙江烟站仓库内（海拔 1 660m）进行。

2. 试验设计与处理

选用红花大金元品种初烤 C3F 等级烟叶。各处理的烟包放置在离墙 30cm 处，地面放置木板并垫上薄膜，以标牌标记，每处理烟包装 40kg 烟叶，烟包内埋入芯片，仓库内安装 Hobo 温度/相对湿度仪记录温湿度。

试验共设置 6 个处理：T1，无覆盖（CK）；T2，麻片覆盖（新麻包片包裹 3 层）；T3，草席覆盖（新稻草席包裹 3 层）；T4，白色薄膜覆盖（广西南宁昇和兴塑胶有限公司生产，厚度 0.006mm，包裹 3 层）；T5，黑膜覆盖〔黑色塑料薄膜为云南曲靖塑料（集团）有限公司生产，厚 0.006mm，包裹 3 层〕；T6，黑膜覆盖＋喷施酶制剂（α-淀粉酶、糖化酶、蛋白酶等混合酶制剂，北京索莱宝生物科技有限公司生产，其中：α-淀粉酶活力 3 700U/g、糖化酶活力 100 000U/g、蛋白酶活力 60 000U/g）。酶用量分别为：α-淀粉酶 900U/g，糖化酶 160U/g，蛋白酶 80U/g。酶活力单位 U：在温度 25℃下，每分钟内催化 1μmol 底物转化为产物所需的酶量定义为一个酶活力单位。按烟叶和酶制剂（活力）称取一定酶量，配制成 1 250mL 酶溶液，将烟叶平放在地面上，用小型喷雾器装适量混合酶制剂溶液均匀喷施烟叶，边喷施边翻动使酶制剂喷洒均匀，将烟叶用黑膜密封包裹 3 层后储藏醇化。各处理均重复 3 次，随机区组排列。

3. 测定指标与方法

（1）温湿度和烟叶含水率的测定

采用 Hobo 仪自动记录各处理烟包内的温度、相对湿度，采用烘干称重法计算烟叶含水率。

（2）烟叶化学成分的测定

按王瑞新（2003）的方法进行总糖、还原糖、总氮、烟碱、蛋白质、氯、钾等烟叶常规化学成分分析。

（3）烟叶外观和感官品质评价

取样后按单体烟制样及平衡水分要求操作，由红云红河集团技术中心进行烟叶感官品质评价，包括对香气质、香气量、浓度、杂气、刺激性、余味等7项指标评分，取平均值。

选取1kg的烟叶样品，由红云红河集团技术中心进行外观品质鉴定，烟叶外观质量量化指标及打分依据参考文献（闫克玉，2003）。由于样品间叶片长度（5分）和残伤（2分）两项指标差异较小，故只统计6项外观品质指标，以平均分计。

4. 数据统计与分析

采用EXCEL和SPSS 16.0统计分析软件进行数据分析，采用Duncan法进行多重比较。

（三）结果与分析

1. 不同储藏醇化措施对红花大金元烟包含水率的影响

由图8-1看出，T1（无覆盖）、T2（麻片覆盖）和T3（草席覆盖）处理的烟叶含水率均明显高于其他处理，在储藏醇化试验开始45d后，烟叶含水率均超过15%，高于烟叶储藏安全含水率范围，在保山烟区雨季湿度较大的情况下，易导致霉变。T4（白膜覆盖）、T5（黑膜覆盖）和T6（黑膜覆盖＋喷施酶制剂）处理的烟叶含水率变化幅度不大，均在15%以下，烟叶含水率处于储藏期内安全水平。

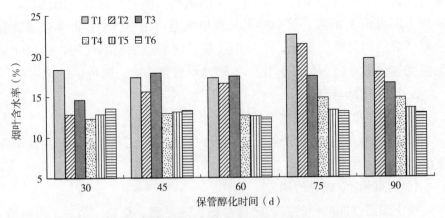

图8-1　不同保管醇化措施红花大金元烟包含水率比较

2. 不同储藏醇化措施对红花大金元烟包内温度的影响

由图8-2看出，T1处理烟包内的温度较低，T2（麻片覆盖）和T3

（草席覆盖）处理烟包内温度变化不大，T4、T5、T6 处理的烟叶温度大多略高于其他 3 个处理，T6（黑膜覆盖＋喷施酶制剂）处理在混合酶制剂作用下，烟包内温度在 6 个处理中较高，有利于烟叶醇化和品质的改善。

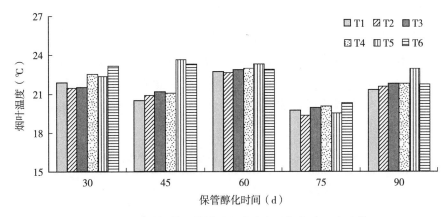

图 8-2　不同保管醇化措施红花大金元烟包内温度比较

3. 不同储藏醇化措施对红花大金元烟包内相对湿度影响

由图 8-3 看出，在储藏醇化试验开始后，30～75d 内，T2（麻片覆盖）和 T3（草席覆盖）处理的烟包内相对湿度均明显高于 T4（白膜覆盖）、T5（黑膜覆盖）、T6（黑膜覆盖＋喷施混合酶制剂）处理，说明这两个处理在储藏醇化过程中，出现明显的吸湿现象，导致烟叶含水率偏高。薄膜密封处理的烟包内相对湿度总体低于同时期其他处理，总体来说，在储藏醇化试验期间，烟包内相对湿度略呈现下降趋势。

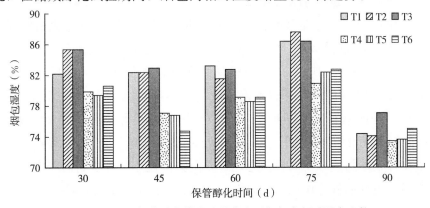

图 8-3　不同保管醇化措施红花大金元烟包内相对湿度比较

4. 不同储藏醇化措施对红花大金元原烟外观质量的影响

储藏醇化试验开展 90d 后取样分析，结果见表 8－1，T4（白膜覆盖）、T5（黑膜覆盖）、T6（黑膜覆盖＋喷施混合酶制剂）处理烟叶颜色略有变深，烟叶青色略有减弱，外观质量总体表现为橘黄色、成熟、疏松、身份中等、油分稍有至有、色度中至强。麻片覆盖、草席覆盖及不覆盖处理的烟叶，由于密封不到位，烟叶边缘、烟梗基部有霉菌产生。就外观总分来说，T6 处理最高，为 78.06 分，其次是 T5、T4 处理，分别是 75.43 分，74.22 分，并且这三个处理外观质量评分显著高于 T3、T2、T1 处理。总体来说，通过储藏醇化措施，T6 处理烟叶外观质量得到了一定的改善和提高。

表 8－1 不同储藏醇化措施红花大金元原烟外观质量比较

处理	成熟度	颜色	叶片结构	油分	色度	身份	外观总分
T1	12.13b	5.84d	12.54b	14.22d	12.93d	12.89b	70.55d
T2	12.19b	6.13c	12.62b	14.60c	12.25e	12.88b	70.67d
T3	12.49b	6.17c	12.68b	14.74c	12.32e	12.93ab	71.33d
T4	12.62b	6.69b	13.08a	15.09b	13.66c	13.08a	74.22c
T5	12.67b	6.85b	13.15a	15.34a	14.43b	12.99ab	75.43b
T6	13.52a	7.09a	13.26a	15.53a	15.65a	13.01ab	78.06a

5. 不同储藏醇化措施对红花大金元原烟化学品质的影响

储藏醇化试验前，经分析检测，烟叶总糖、还原糖、总氮、烟碱、蛋白质、钾和氯含量分别是 34.12%、22.54%、2.17%、2.91%、7.24%、2.09% 和 0.25%。在储藏醇化 90d 后，取样测定不同储藏醇化措施对烟包内烟叶化学成分影响，经方差分析，差异达到 5% 为显著水平，多重比较结果见表 8－2，其中：T6 处理总糖含量显著低于其他处理，其次为 T3、T5、T4，T1 处理（不覆盖）较高；还原糖含量基本呈相反趋势；T6 和 T5 处理总氮含量显著低于其他处理；烟碱含量和蛋白质含量以 T6、T5 和 T4 处理的烟叶较低，其他 3 个处理较高；钾含量 T2 处理较高；氯含量在各处理间差异不明显。总之，以黑膜覆盖＋混合酶制剂催化处理烟叶在混合酶制剂催化作用下，总糖、总氮、蛋白质略有分解降低，还原糖含量略有升高，烟叶整体化学成分趋于协调。

表 8-2　不同储藏醇化措施红花大金元烟叶化学品质比较（％）

处理	总糖	还原糖	总氮	烟碱	蛋白质	钾	氯
T1	33.27a	23.18b	2.04a	2.96a	7.43a	2.27abc	0.27a
T2	32.12b	23.53ab	1.98a	2.88ab	7.35a	2.42a	0.18a
T3	31.33c	24ab	2.02a	2.76bc	7.53a	2.24abc	0.28a
T4	31.59bc	24.2ab	1.84b	2.61d	6.61b	2.36ab	0.24a
T5	31.34c	24.3ab	1.66c	2.67bc	6.39b	2.12c	0.22a
T6	30.43d	25.05a	1.78bc	2.39e	6.58b	2.13bc	0.19a

6. 不同储藏醇化措施对红花大金元原烟感官质量的影响

由表 8-3 可见，在储藏醇化 90d 后，针对不同储藏醇化措施对烟包内烟叶取样，进行感官质量评价，结果经过方差分析，差异达到 5％ 为显著水平，不同储藏醇化措施对烟包内烟叶感官质量指标影响的多重比较结果见表 8-3。其中：T6 处理烟叶香气质、香气量、杂气、余味等指标明显优于 T1、T2 和 T3。总体来看，在混合酶制剂催化作用下，T6 处理烟叶内在感官质量有了明显的改善和提升，这与朱大桓等（1999）的研究结果基本一致。

表 8-3　不同储藏醇化措施红花大金元原烟感官质量比较

处理	香气质	香气量	浓度	杂气	刺激性	余味	劲头
T1	4.42e	5.92d	6.53bc	4.25e	7.2a	4.2e	6.35cd
T2	5.33d	6.12cd	6.65b	4.98d	6.85bc	5.02d	6.68b
T3	5.75c	6.25bcd	6.49bc	5.68c	6.89b	5.32c	7.15a
T4	6.5b	6.6b	6.57b	6.67b	6.59cd	6.42b	6.65bc
T5	6.14bc	6.35bc	6.26c	6.75b	6.33d	6.59b	6.26d
T6	7.15a	7.28a	7.15a	7.23a	6.32d	7.35a	6.62bc

（四）讨论与结论

白膜覆盖、黑膜覆盖和（黑膜覆盖＋混合酶制剂催化）处理的储藏醇化措施，对保山龙川江流域烤烟原烟品质有明显影响，通过密封储藏，控制烟叶含水率，进而大幅减少了储藏期间烟叶霉变的发生。此外，密封较严的处理烟包内烟叶温度均略微升高，烟包内湿度总体上略呈现下降趋势。其中黑膜覆盖＋混合酶制剂催化的处理更利于烟叶醇化发酵和品质的改善。

在储藏醇化 90d 后，黑膜覆盖＋混合酶制剂催化处理烟叶在混合酶制剂催化作用下，总糖、总氮、蛋白质略有分解降低，还原糖含量略有升高，烟叶化学成分趋于协调；外观质量得到了一定的改善和提高，感官质量香气质、香气量、杂气、余味等指标有了明显的改善和提升。

二、红花大金元品种片烟复烤工艺优化技术试验研究

（一）研究背景

烟叶复烤是烟叶质量进一步形成的关键环节，对卷烟使用原料质量的稳定和提升具有重要作用。复烤段可分为三个阶段：干燥段、回潮段、冷却段。干燥段的主要工艺任务是升温干燥，把进入复烤段的烟叶含水率从16％左右降到10％左右。国内的打叶复烤生产线主要采用热风干燥，通过热风与叶片接触，带走叶片中的水分，调节烟叶的含水率。烟叶在复烤段经过升温增湿等处理，其内部化学成分不断散发到复烤环境中，形成烟草逸出物并发生一系列变化（张燕等，2003；胡有持等，2004）。因此，片烟干燥是复烤工艺中的重要工序，其工艺参数的变化对成品片烟的结构、香味成分以及感官质量等均有重要影响（陈良元，2002）。如何在尽可能去除烟草杂气的同时保留更多的香味，无疑是烟叶复烤加工研究的重点。目前，关于打叶复烤工艺参数研究的内容不多。复烤工艺参数的设置主要凭经验，系统的理论研究与支撑较少，较多的是对物理指标的控制，包括大中片率、叶中含梗、片烟成品水分等，总体处于"控制物理结构、关注水分密度、研究化学指标、思考感官质量"的阶段。国内外的打叶复烤研究认为：①随复烤温度的升高，复烤后中下部烟的大中片率呈降低的趋势，叶片失水收缩状况明显，烤后片烟的含水率波动减小，均匀性提高；②当复烤温度较低时，烟叶中主要致香成分的含量较高，较低的复烤温度有利于烟叶香气量的保持；③随复烤温度的升高，中下部烟叶的刺激性有所增加，而上部叶变化不明显。在生产现场发现，较高的复烤温度下整个生产环境中弥漫的烟草香味（烟草逸出物成分）会比较浓郁，而较低的复烤温度下环境中的香味会显得比较淡薄（简辉等，2006；廖惠云等，2006；唐春平，2009）。由此也可以看出，复烤温度对烟叶质量的变化有明显影响。

因此，笔者围绕某卷烟品牌对烟叶原料的质量和数量需求，通过关键工艺参数优化、生物酶制剂加料定向改造以及制丝加料技术等研究，开展了红花大金元复烤和制丝加工工艺参数优化以及改善烟叶质量的酶制剂加料和制丝加料技术验证，旨在建立适应自身品牌发展的加工工艺和加料技术，最大限度满足品牌配方原料的质量和数量需求。

（二）材料与方法

以 K326 品种 C3F 为对照，选择 2009 年红花大金元品种 C3F 为研究对象，在现有工艺研究基础上，进行了真空回潮、二次润叶（二润）、叶片复烤等工序的工艺参数优化试验研究，并以打叶复烤烟叶的感官质量作为判定依据。

（三）结果与分析

1. 真空回潮工艺参数对红花大金元片烟原料质量的影响

真空回潮工序共设置 ZC11、ZC12 和 ZC13 三个处理强度（表 8 - 4）。由表 8 - 5 可知，与未经过真空回潮相比，真空回潮处理后，红花大金元品种 C3F 和 K326 品种 C3F 不同处理的烟叶感官评吸质量均在不同方面分别有所提升。其中，K326 品种 C3F 烟叶在回潮后温度为 50~55℃时感官质量较好（主要表现在香气量、烟气浓度、刺激性、杂气等方面）；红花大金元品种 C3F 烟叶随着回潮温度升高，以 55℃时感官质量最好。这说明真空回潮有利于烟叶品质的提升，且红花大金元品种耐加工性强，适合较高强度的回潮温度。

2. 二润热风温度对红花大金元片烟原料质量的影响

二润工序共设置 RC21、RC22 和 RC23 三个处理强度（表 8 - 6）。由表 8 - 7 可知，随着热风温度的升高，K326 品种 C3F 和红花大金元品种 C3F 烟叶不同处理的感官评吸质量有所变化，热风温度在 130℃时 K326 品种 C3F 和红花大金元品种 C3F 烟叶的感官评吸质量呈上升趋势（主要表现在香气质、刺激性和杂气 3 个方面），热风温度在 150℃时 K326 品种 C3F 和红花大金元品种 C3F 烟叶的感官评吸质量呈下降趋势，因而二润热风温度设置在 130~150℃之间，两个等级的感官评吸质量较好，热风温度不宜过高，过高后感官评吸质量下降，鼻腔刺激增大，枯焦气明显增强。

表 8-4 真空回潮工艺参数数设置及记录结果

项目		试验编号		
		ZC11	ZC12	ZC13
真空回潮	抽空后真空度（MPa）	不处理	0.08	0.08
	增湿后温度（℃）	不处理	50	55
	增湿蒸汽压力（MPa）	不处理	1.0	1.0
	冷却水压力（MPa）	不处理	0	0
一次润叶	热风进风温度（℃）	112	110	110
	热风回风温度（℃）	32	38	42
	回风风门开度（%）	10		
	滚筒转速（r/min）	8.33		
	增湿蒸汽压（MPa） 入口	0.3	0.3	0.3
	出口	0.207	0.207	0.207
	二次润叶工艺流量（kg/h）	12 133	11 480	11 923
二次润叶	热风进风温度（℃）	130	130	130
	热风回风温度（℃）	33.8	32.4	33.4
	回风风门开度（%）	10		
	滚筒转速（r/min）	7.4		
	出口饱和蒸汽压力（MPa）	0	0	0
	水汽混合气压（MPa） 入口	0.26	0.2	0.2
	出口	0.28	0.2	0.2

表 8-5 真空回潮工艺参数对红花大金元烟叶感官评吸质量的影响

模块等级及编号		香韵	香气量	香气质	浓度	刺激性	劲头	杂气	干净度	湿润	回味
K326 C3F	ZC11	9.0	13.0	13.5	8.0	13.0	4.5	8.0	8.5	4.0	4.5
	ZC12	=	↑	=	↑	↑	=	↑	↑	=	=
	ZC13	=	↑	=	↑	↑	=	↑	↑	=	=
红花大金元 C3F	ZC11	8.5	12.5	13.0	8.5	13.0	4.5	8.0	8.0	4.0	4.0
	ZC12	=	↑	=	=	↑	=	↑	↑	=	=
	ZC13	=	↑	=	=	=	=	↑	↑	=	=

注：表中"=、↑、↓"表示影响趋势，其中，=表示数值相等，↑表示数值呈增加的趋势，↓表示数值呈下降的趋势；下同。

表8-6　二润热风温度试验技术参数设置及记录结果

项目			试验编号		
			RC21	RC22	RC23
一次润叶	滚筒转速（r/min）		8.33		
	增湿蒸汽压（MPa）	入口	0.4	0.4	0.4
		出口	0.32	0.32	0.32
二次润叶工艺流量（kg/h）			11 950	12 474	10 133
二次润叶	热风进风温度（℃）		113	130	150
	热风回风温度（℃）		37.2	41.1	42.1
	回风风门开度（%）		10		
	滚筒转速（r/min）		7.4		
	出口饱和蒸汽压力（MPa）		0	0.15	0
	水汽混合蒸汽压（MPa）	入口	0.22	0.28	0.32
		出口	0.22	0.28	0.32

表8-7　二润热风温度对红花大金元烟叶原料感官评吸质量的影响

模块等级及编号		香韵	香气量	香气质	浓度	刺激性	劲头	杂气	干净度	湿润	回味
K326 C3F	RC21	9.0	13.0	13.5	8.0	13.0	4.5	8.0	8.5	4.0	4.5
	RC22	=	=	↑	=	↑	=	↑	=	=	=
	RC23	=	=	↓	=	↓	=	↓	=	=	=
红花大金元 C3F	RC21	8.5	12.5	13.0	8.5	13.0	4.5	8.0	8.0	4.0	4.0
	RC22	=	=	↑	=	↑	=	↑	=	=	=
	RC23	=	=	↓	=	↓	=	↓	=	=	=

3. 烤机网带速度对红花大金元片烟原料质量的影响

烤机网带共设置KC11、KC12和KC13三个处理（表8-8）。由表8-9可知，不同处理下的K326品种C3F和红花大金元品种C3F烟叶的感官评吸质量有所变化，烤机网带速度对烟叶的香气质、刺激性、杂气和回味影响较大，其中K326品种C3F烟叶合适的网带速度为9～10m/min，小于9m/min时感官质量呈下降趋势；红花大金元品种C3F烟叶合适的网带速度为8～9m/min，大于10m/min时感官质量呈下降趋势。

表 8-8　烤机网带速度试验技术参数设置和记录结果

项目			试验编号（实测）		
			KC11	KC12	KC13
干燥段	Ⅰ区	热风温度（℃）	66.6	66.6	66.6
		排潮阀门开度（%）	25		
	Ⅱ区	热风温度（℃）	70	70	70.8
		排潮阀门开度（%）	100		
	Ⅲ区	热风温度（℃）	67.7	68.5	67.6
		排潮阀门开度（%）	75		
	Ⅳ区	热风温度（℃）	61.9	62.5	61.3
		排潮阀门开度（%）	75		
冷却段		冷房温度（℃）	26.1	26.9	27
		进风阀门开度（%）	50		
回潮段	Ⅰ区	干球温度（℃）	53.8	63.3	63.9
	Ⅱ区	干球温度（℃）	54.6	60.1	59
底带电机频率（Hz）			30	33	27
网带速度（m/min）			9	8	10
物料流量（kg/h）			8 490	8 531	8 589

表 8-9　烤机网带速度试验感官评吸结果

模块等级及编号		香韵	香气量	香气质	浓度	刺激性	劲头	杂气	干净度	湿润	回味
K326 C3F	KC11	9.0	13.0	13.5	8.0	13.0	4.5	8.0	8.5	4.0	4.5
	KC12	=	=	↓	=	↓	=	↓	=	=	↓
	KC13	=	=	↑	=	↑	=	↑	=	=	↑
红花大金元 C3F	KC11	8.5	12.5	13.0	8.5	13.0	4.5	8.0	8.0	4.0	4.0
	KC12	=	=	↑	=	↑	=	↑	=	=	↑
	KC13	=	=	↓	=	↓	=	↓	=	=	↓

（四）讨论与结论

为满足品牌对原料的质量需求，在复烤加工中，根据不同的烟叶原料选择合适的工艺参数，才能符合品牌需求的复烤烟叶。通过对真空回潮强度、热风温度、二润热风温度和烤机网带速度的设置试验研究结果表明，采用真空回潮工艺处理后，K326 品种 C3F 和红花大金元品种 C3F 烟叶不同处理的感官评吸质量均在不同方面有所提升，其中 K326 品种 C3F 烟叶在回潮后温度在 50～55℃时感官质量较好（主要表现在香气量、烟气浓度、刺激性、杂气等方面），红花大金元品种 C3F 烟叶随着回潮温度升高，以 55℃时感官质量为最好。这说明真空回潮有利于烟叶品质的提升，且红花大金元品种耐加工性强，适合较高强度的回潮温度。二润热风温度对 K326 品种 C3F 和红花大金元品种 C3F 烟叶的感官评吸质量较大，热风温度在 130℃时 K326 品种 C3F 和红花大金元品种 C3F 烟叶的感官评吸质量呈上升趋势（主要表现在香气质、刺激性和杂气 3 个方面），热风温度在 150℃时 K326 品种 C3F 和红花大金元品种 C3F 烟叶的感官评吸质量呈下降趋势，因而二润热风温度设置在 130～150℃，两个等级的感官评吸质量较好。热风温度不宜过高，过高后感官评吸质量下降，鼻腔刺激增大，枯焦气明显增强。烤机网带速度对烟叶的香气质、刺激性、杂气和回味影响较大，其中 K326 品种 C3F 烟叶合适的网带速度为 9～10m/min，小于 9m/min 时感官质量呈下降趋势；红花大金元品种 C3F 烟叶合适的网带速度为 8～9m/min，大于 10m/min 时感官质量呈下降趋势。

因此，红花大金元品种加工过程中，相比 K326 品种，表现出较强的耐加工性，需要较高的真空回潮强度、较高的润叶温度和较慢的烤叶速度。

三、红花大金元品种片烟异地醇化技术试验研究

（一）研究背景

复烤烟叶自然醇化是烟叶加工过程中的重要环节，适当的醇化有利于烟叶外观质量、物理特性、化学成分和感官质量的改善和提高，国内外烟草同行都在积极探索缩短烟叶自然醇化时间的有效方法和途径。自然醇化烟叶技术在卷烟企业已实施多年，由于主要考虑到烟叶霉变的问题，国内卷烟企业和复烤企业的复烤片烟水分一般控制在 11.5％～12.5％范围内（国家烟草专卖局，2016），没有充分考虑到烟叶水分含量和环境温湿度对醇化品质的影响。然而云南与国内外其他地区的生态条件明显不同，不同地区的气候也有较大差异，不同的气候差异对烟叶自然醇化也将具有重要的影响。

因此，笔者在云南两个不同仓储地利用各自不同的生态气候条件，研

究了不同品种复烤片烟适宜的存储醇化水分及适宜的自然醇化时间，旨在探索提高烤烟片烟的醇化质量、降低生产成本的同时，满足重点品牌在优质原料有效供应上的需求，保障品牌的健康发展。

（二）材料与方法

1. 存储地基本情况和试验材料

选用红花大金元的中部位复烤烟叶为材料。

存储地①：年均气温 16～18℃，相对湿度 50％～63％。存储地②：年均气温 26～28℃，相对湿度 50％～60％。

2. 红花大金元复烤烟叶的试验设计

由于红花大金元品种的耐加工性较好，存储地①和存储地②水分处理设计，偏向更低和更高，分别为：低水分 11.3％～11.8％，高水分 12.8％～13.2％。因此醇化时间仅为 12 个月。

3. 取样和检测分析

对于各处理片烟从生产之日起（包括生产当日）在醇化初期增加了每 10d 取一次样的密集取样，而后每 3 个月 1 次取样，同时注重每次取样样品的代表性，然后对样品的感官评吸、烟碱进行检测分析。根据研究结果，分析不同水分处理复烤烟叶在两种气候条件下复烤片烟适宜的存储水分及适宜的自然醇化时间。

（三）研究内容和结果分析

1. 自然醇化过程中烟叶感官品质的变化

由表 8-10 可知，在 12 个月的醇化时间内，各水分处理和各存储地点，红花大金元烤烟复烤片烟的感官质量均随存储时间延长而提高，12 个月时达到最佳感官评吸质量；对于同一醇化地点和同一部位的烟叶，高水分烟叶的感官评吸质量高于低水分的。

2. 自然醇化过程中烟叶内在化学成分的变化

从表 8-11 数据分析可看出：在相同取样时间和相同存储地，不同水分处理的复烤烟叶烟碱含量差异不大。在相同取样时间和相同水分处理，不同存储地的复烤烟叶烟碱含量差异不大。自然醇化过程中，复烤烟叶烟碱含量基本在 1.80％～2.10％范围内。

表 8-10 红花大金元品种烟叶感官质量总分的变化

时间 (d)	12.8%~13.2%		11.3%~11.8%	
	存储地①	存储地②	存储地①	存储地②
初始样	80.4	80.4	80.4	80.4
10	80.5	80.5	80.5	80.5
20	80.7	80.7	80.7	80.7
30	80.7	80.7	80.7	80.7
40	80.3	80.3	80.3	80.3
50	80.5	80.5	80.5	80.5
60	81.1	81.1	81.1	81.1
70	81.6	81.6	81.6	81.6
90	82.2	82.3	82.3	82.2
120	83.3	83.3	83.1	82.3
180	83.6	84.1	83.9	83.6
270	85.5	84.9	84.0	84.0
360	86.3	85.1	85.4	84.4

表 8-11 红花大金元品种烟叶醇化过程烟碱变化（%）

醇化时间 (d)	存储地①		存储地②	
	12.0%~12.8%	13.0%~13.5%	12.0%~12.8%	13.0%~13.5%
初始样	2.04	2.04	2.04	2.04
10	1.98	2.17	1.98	2.17
20	1.98	2.05	1.98	2.05
30	1.67	1.99	1.67	1.99
40	2.10	2.06	2.10	2.06
50	2.00	1.98	2.00	1.98
60	2.02	2.06	1.95	1.97
70	1.97	1.96	2.00	2.00
90	2.04	2.04	1.99	2.08
150	1.85	1.93	2.02	1.93
270	1.91	1.84	1.99	1.95
360	2.14	2.01	2.04	2.03

3. 存储地①和存储地②两地最适宜的醇化工艺

通过对红花大金元品种的跟踪研究，根据以上影响醇化质量的时间、水分的研究，结合不同的自然醇化环境、不同水分的复烤片烟的感官评吸和烟碱变化，并且充分考虑打叶复烤生产中水分控制的易操作性（应有一定范围）和烟叶存储的安全性，最后得出以下最佳醇化质量工艺：在存储地①中部复烤片烟，12.5%～13.2%水分含量，自然醇化时间是 18 个月左右；在存储地②中部复烤片烟，12.2%～12.7%水分含量，自然醇化时间是 12 个月左右。

（四）讨论与结论

两地最佳的醇化工艺条件分别为：存储地①，中部复烤片烟，12.5%～13.2%水分含量，自然醇化时间为 18 个月左右；存储地②，中部复烤片烟，12.2%～12.7%水分含量，自然醇化时间为 12 个月左右。

研究表明，自然醇化过程中，复烤烟叶达到最佳感官评吸质量的时间因处理水分、存储地点的不相同有较大的差异，其中存储地①的中部复烤片烟（12.5%～13.2%水分含量）自然醇化时间为 18 个月左右感官质量最好，存储地②的中部复烤片烟（12.2%～12.7%水分含量）自然醇化时间为 12 个月左右感官质量最好。此外，在相同取样时间和相同存储地，不同水分处理的复烤烟叶烟碱含量差异不大。在相同取样时间和相同水分处理，不同存储地的复烤烟叶烟碱含量差异不大。自然醇化过程中，复烤烟叶烟碱含量基本在 1.80%～2.10%范围内。

因而得出两地最佳的醇化工艺条件分别为：存储地①，中部复烤片烟，12.5%～13.2%水分含量，自然醇化时间为 18 个月左右；存储地②，中部复烤片烟，12.2%～12.7%水分含量，自然醇化时间为 12 个月左右。

本研究结果缩短了重点品牌需要的烟叶原料醇化时间，优化了品牌自身的烟叶资源配置，满足了品牌对优质烟叶使用时间的需求，通过大规模优化重点品牌急需使用的优质烟叶的仓储管理实际工作，为品牌带来巨大的经济效益和社会效益。

第九章 🌿
红花大金元品种烟叶生产、收购扶植政策研究

2007—2009 年笔者着力研究并完善了红花大金元品种烟叶的生产扶持政策和收购扶持政策，并把研究成果及时应用于各原料基地，将红花大金元品种安排在适宜生态区域内生产，推广适宜的栽培烘烤技术，做到"良种、良区、良法"配套，成功开展了红花大金元品种烟叶的大规模恢复性生产，为卷烟品牌的生产和扩张提供了充足的优质特色原料。

一、红花大金元品种烟叶生产扶植政策研究

（一）红花大金元品种与云烟 87 品种的投入产出差距调查

2009 年笔者在昆明市、曲靖市、保山市红花大金元品种烟叶产区，每亩随机抽查 20 户农户，结合各县级烟草公司、烟站大面积收购普查，对红花大金元亩产量、亩产值进行调查；同时对种植红花大金元品种的各市、县烟草公司的投入、产出及当地政府财政收入的减少情况进行了调查。

烟农收入减少

（1）投入增加

2007 年与云烟 87 品种相比，种植红花大金元品种的烟农因红花大金元品种病虫害多，每亩需要多投入 50 元植保费；同时因红花大金元品种烟叶主脉粗、变黄慢，至少需要多烤 1d，要多投入烤煤 30kg/亩，按煤价 0.55 元/kg 计算，需多投入煤炭费用 16.5 元/亩。

（2）产量产值减少

2007 年昆明、曲靖、保山 3 市红花大金元品种烟叶平均亩产量

126kg，均价为 10.74 元/kg，亩产值 1 353 元；云烟 87 品种烟叶平均产量为 136kg/亩，均价为 11.7 元/kg，亩产值 1 591 元。对比可见，红花大金元品种烟叶产值比云烟 87 品种低 238 元/亩。

综上所述，烟农种植红花大金元品种比云烟 87 品种烟叶收入减少 238 元/亩。

（3）烟草公司产前投入增加

云烟 87 品种产前投入 90 元/亩，红花大金元品种产前投入 120 元/亩。对比可见，红花大金元品种比云烟 87 品种产前投入多 30 元/亩，主要用于红花大金元品种种植的生产组织、肥料、烤煤、技术培训。

（4）政府税收减少

前述红花大金元品种产值比云烟 87 品种少 238 元/亩，按烟叶税及附加税税率 22％计算，种植红花大金元品种当地政府每年减少税收 238 元/亩×22％＝52.36 元/亩。

综上可见，种植红花大金元品种与云烟 87 品种相比，烟农、烟草公司、当地政府每年减少收益分别为：238 元/亩、30 元/亩、52.36 元/亩，合计 386.86 元/亩。

（二）红花大金元品种补贴政策出台后各方收入情况

1. 烟农获得生产补贴后的收入情况

烟农的红花大金元品种生产补贴，在烟叶调拨基价的上浮价中支付。从 2007 年开始，按国家局红花大金元品种烟叶调拨基价上浮 30％的补贴政策，某工业企业补贴给烟草公司，再由烟草公司把上浮价部分的 15％按每千克红花大金元烟叶 4 元在收购环节补贴给烟农。这一政策的实施，使上述三市种植红花大金元品种的烟农每亩烟叶得到的补贴为 126kg/亩×4 元/kg＝504 元/亩，减去烟农种植红花大金元品种比云烟 87 品种减少的收入部分 238 元/亩，种植红花大金元品种的烟农收入比种植云烟 87 品种高 266 元/亩。

2. 地方政府和烟草公司获得生产补贴后的收入情况

国家局的"红花大金元品种调拨价上浮 30％"的扶持政策，解决了烟农因种植红花大金元品种而造成的损失，提高了烟农种植红花大金元品种的积极性，但没有解决地方政府因种植红花大金元品种而减少的财政收入，也没有解决当地烟草公司因种植红花大金元品种而挤占的产前投入资金。为了恢复和扩大红花大金元品种种植，笔者到昆明市、曲靖市、保山市当地政府和烟草公司进行了调查研究，在现有的国家政策许可下，从2007年开始建议某工业企业出台了每调拨入库1担（50kg）红花大金元烟叶补贴50元科技经费给当地政府和烟草公司的扶持政策。

这样补贴的结果，使种植红花大金元品种的县乡政府每年的财政收入增加2.52担/亩（126kg/亩）×50元/担＝126元/亩，比种植云烟87多69.64元/亩（126－52.36－30＝43.64元/亩）。由此可见，50元/担的科技补贴不但补齐了地方政府因种植红花大金元品种而减少的税收52.36元/亩，也补齐了烟草公司因种植红花大金元而增加的产前投入30元/亩。最后还剩余43.64元/亩的科技经费，由县、乡政府和烟草公司用作红花大金元品种推广种植的组织和培训费用。

二、红花大金元品种烟叶推广种植的收购扶持政策研究

某工业企业针对红花大金元品种烟叶收购过程中"青筋黄片"烟叶和"柠檬色至橘黄色的过渡色烟叶"不好定级的问题，经工商双方协商，在坚持烤烟收购国标的总原则上，在不影响烟叶使用价值的前提下，制定出专门针对红花大金元品种烟叶收购的政策，作为工商双方《红花大金元品种烟叶收购协议》的正式条款在收购中执行，确保了项目区烟农种植红花大金元品种的积极性，促进了红花大金元品种烟叶的可持续种植。

第十章

红花大金元关键配套生产技术集成与应用

一、合理布局

(一) 生态气候条件

（1）最适宜区：海拔（1 400~1 800m）、大田期温度（20~22.5℃）、大田期日照时数（500~750h）、大田期降水量（600~700mm）。

（2）适宜区：海拔（1 800~2 000m）、大田期温度（19~20℃）、大田期日照时数（450~500h）、大田期降水量（500~600mm 或 700~800mm）。

（3）次适宜区：海拔（2 000~2 100m）、大田期温度（18.5~19℃）、大田期日照时数（400~450h）、大田期降水量（450~500mm 或 800~1 000mm）。

（4）不适宜区：海拔（<1 400m 或>2 100m）、大田期温度（<18.5℃）、大田期日照时数（<400h）、大田期降水量（<450mm 或>1 000mm）。

(二) 土壤条件

1. 土壤类型
（1）最适宜的土壤类型：红壤、水稻土和紫色土。
（2）适宜种植的土壤类型：黄壤。

2. 土壤质地
（1）最适宜的土壤质地：沙土和壤土。
（2）适宜种植的土壤质地：轻黏土。

3. 土壤有机质

(1) 最适宜的土壤有机质含量：20～30g/kg。

(2) 适宜的土壤有机质含量：15～20g/kg 或 30～40g/kg。

(3) 次适宜的土壤有机质含量：10～15g/kg 或 40～45g/kg。

(4) 不适宜的土壤有机质含量：<10g/kg 或>45g/kg。

4. 土壤 pH

(1) 最适宜的土壤 pH：5.5～7.0。

(2) 适宜的土壤 pH：5.0～5.5 及 7.0～7.5。

(3) 次适宜的土壤 pH：4.5～5.0 及 7.5～8.0。

(4) 不适宜的土壤 pH：<4.5 及>8.0。

二、坚持轮作与种植结构优化

1. 品种轮换种植顺序推荐：红花大金元→K326→云烟 87。

2. 田块轮作推荐：田烟最好与水稻轮作；地烟最好与玉米轮作。

3. 前茬作物推荐：空闲或绿肥，其次考虑麦类、荞类等其他作物。

三、盖膜掏苗、破膜培土与查塘补缺

1. 地膜要求：透光率在 30% 以上的黑色地膜，厚度 6～8m，宽 1～1.2m。

2. 开孔：移栽后注意在膜上两侧（非顶部）分别开一直径 3～5cm 小孔，以降低膜下温度，防止膜下温度过高灼伤烟苗。

3. 掏苗：观察膜下小苗生长情况，以苗尖生长接触膜之前为标准，把握掏苗关键时间，一般在移栽后 10～15d，掏苗时间选择在阴天、早上 9 点之前或下午 5 点之后。

4. 破膜培土：在移栽后 30～40d 进行（雨季来临时）2 000m 以下海拔烟区进行完全破膜、培土和施肥，2 000m 以上海拔可以采用不完全破膜、培土和施肥。

5. 查塘补缺：移栽后 3～5d 内及时查苗补缺，并用同一品种大小一致的烟苗补苗，确保苗全、苗齐。膜下小苗在掏苗结束后及时采用备用苗进行补苗。

四、适时早栽与方式优化

1. 最适宜移栽时间

膜下小苗 4 月 15～25 日；膜上壮苗移栽 4 月 15 日～5 月 5 日。膜下小苗在合理移栽期内（4 月 15～30 日），2 000m 及以下海拔段可以适当推迟膜下小苗移栽时间，2 100m 及以上海拔应该尽量提前移栽。

2. 不同区域膜下小苗最适宜移栽时间

红河 4 月 15 日～5 月 5 日、昆明 4 月 15 日～5 月 5 日、曲靖 4 月 10～30 日、保山 4 月 25 日～5 月 15 日。

3. 移栽要求及技术

（1）苗龄控制在 30～35d，苗高 5～8cm，4 叶一心至 5 叶一心，烟苗清秀健壮，整齐度好。

（2）膜下小苗育苗盘标准：300～400 孔。

（3）膜下小苗移栽塘标准及移栽规格：塘直径 35～40cm，深度 15～20cm；株距 0.5～0.55m，行距 1.1～1.2m。

（4）移栽浇水。移栽时浇水：每塘 3～4kg。第一次追肥时浇水：即在移栽后 7～15d（掏苗时）浇水 1kg 左右。第二次追肥时浇水：即移栽后 30～40d（破膜培土）浇水 1～2kg。

五、养分平衡管理与科学施肥

（一）施肥原则

按"测土配方、平衡施肥、节肥增效"的原则，坚持用地与养地相结合、有机肥与无机肥相结合、铵态氮与硝态氮相结合、基肥与追肥相结合、根际施与叶面施相结合、大量元素与中微量元素相结合的原则，增施有机肥，减少化肥，有机肥施用比例达 30% 以上；合理施用氮磷钾肥、腐熟的农家肥、商品有机肥或微生物菌肥；大量元素的施用量根据土壤肥力、气温、降水量和品种的耐肥性决定，中微量元素采取"缺什么补什么"的方针，达到营养的协调与均衡。

（二）肥料种类

（1）无机肥：符合 GB 15063—2009 规定，烟草专用配方复合肥、硝酸钾、硫酸钾、普通过磷酸钙、钙镁磷肥、硼肥、锌肥等，慎重施用含氯肥料。

（2）有机肥：符合 NY 525—2011 规定，腐熟农家肥、发酵饼肥、生物钾肥或功能性有机肥等；符合 NY/T 883—2004 规定的微生物菌剂；施用的有机肥必须充分腐熟；不用含氯量偏高的人畜粪尿作为有机肥。

（3）肥料安全性：无机肥和有机肥中的重金属质量符合 YQ 23—2013 要求。

（三）用量

（1）结合实测土壤有机质、有效氮含量，确定纯 N 用量和有机肥用量，结合实测土壤速效钾、有效磷含量，确定 P_2O_5 和 K_2O 的施用量（表 10-1），该施肥方案适用于前茬为空闲，如果前茬作物为大麦、小麦、荞等农作物且不施肥条件下，施用量可适当增加 1kg/亩左右。

表 10-1　红花大金元 N、P_2O_5、K_2O 施用量（kg/亩）

土壤供 N 能力及施肥推荐				土壤供 P_2O_5 能力及施肥推荐		土壤供 K_2O 能力及施肥推荐	
有机质 （g/kg）	有效氮 （mg/kg）	抑制两黑病 生物有机肥	纯 N 用量	有效磷 （mg/kg）	P_2O_5 用量	速效钾 （mg/kg）	K_2O 用量
≤15	＜60 或 60～90	60～80	3～5	＜10	6～10	＜100	12～20
15～25	60～120	40～60	2～4	10～40	3～6	100～250	9～15
25～35	90～150	20～40	1～3	＞40	2～4	＞250	7.5～12
35～45	90～150 或＞150	0～20	1～2				
＞45	120～150 或＞150	不施（避免种植）					

（2）气温较低的高海拔段，土壤温度较低，土壤矿化能力差，在同等肥力条件下，养分施用量可适当增加 1kg/亩左右。

（3）紫色土保水保肥能力差，在同等肥力条件下，养分施用量可适当增加 1kg/亩左右。

（4）作基肥土施硼泥 15～25kg/亩或硼砂 0.5～0.75kg/亩，或做追肥在团棵期、现蕾期叶面喷施 0.1%～0.25% 硼酸或硼砂各一次；作基肥土施钼肥 0.1～0.2kg/亩或做追肥在团棵期、现蕾期叶面喷施 0.02%～0.1% 钼肥溶液各一次；叶面喷施时间一般在上午 9 点和下午 5 点以后喷施，阴天可全天喷，雨天或阳光过强时不宜喷，避免养分流失。

（四）施用方法和方式

（1）基肥：有机肥及复混肥均作为基肥，在移栽时环施盖土。施用复混肥时，应避免直接接触烟株根系，膜下小苗移栽纯 N 用量为总 N 用量的 30%～40%，以复混肥含氮量计算。

（2）追肥：第一次追肥时间在移栽后 15d 左右（还苗期至伸根期），纯 N 用量占总用量的 20%～30%；第二次追肥时间在移栽后 30d 左右（团棵期至旺长期），纯 N 用量占总用量的 40%；追肥纯 N 用量以烤烟专用复混肥或硝酸钾的含氮量计算，兑水浇施。

六、中耕管理与清洁生产

（一）提沟培土

移栽后 30～35d 进行揭膜提沟培土。地烟沟深 30cm 以上，田烟沟深 35cm 以上。

（二）水分管理

（1）水质符合 NY/T 391—2000 要求。

（2）确保烟田地周围排水沟渠通畅，做到"沟无积水"。

（3）采用喷灌或人工措施灌溉。

（4）水分管理做到旱能浇、涝能排，以水调肥，提高肥料利用率，促进烤烟生长。

还苗后进入伸根期：此时需水量少，适当控水，配合浇施提苗肥补充烟田水分，促进根系发育。

团棵期进入旺长期：此时烟株需水量最多，根据烟地与烟株需水情况，补给水分。若遇严重干旱，灌水深度为垄面高度的 1/3。

现蕾期进入成熟期：此时适当灌溉圆顶水，促进顶叶开展。

生育期中若降水量能满足烤烟生长对水的需求，则不需浇水；时逢雨季，要做好清沟排水工作，防治田间积水。

（三）烟田清洁生产

拔除的杂草、病株，打下的病叶、烟花、烟杈、揭除的废膜和用过的药瓶、药袋等废弃物不随地扔，及时收集带出大田外集中统一处理，烟叶采烤结束后，及时清除烟株残体并运离烟田，田间无烟花、烟杈、药瓶、药袋，保持田间生产环境清洁卫生。

七、加强病虫害综合防治

（一）农业保健措施

选无病虫壮苗移栽，及时提沟培土，减少田间积水，创造有利于烟株生长的田间小气候，增强烟株抗病性。保持田间卫生和通风透光，及时拔除病株、清除病叶和田间杂草，减少病害滋生。

（二）物理防治

可采用灯光诱杀蝼蛄成虫、地老虎等，或采用杨树枝条绑挂在竹竿上诱捕，也可采用人工捕杀的方法消灭一些害虫。

（三）药剂防治措施

1. 苗期：做好漂盘、苗床等育苗环境的消毒工作，从源头上可避免感染病菌，58％甲霜·锰锌可湿性粉剂 400 倍液喷淋茎基部 1～2 次，多肽保苗期拌基质时每株加入 0.2g。

2. 移栽前：在 2～3 月进行深翻晒垄，利用太阳的暴晒消除土传病菌。

3. 移栽期：选择无病苗，多肽保拌土（每株 0.5g）移栽，注意烟田卫生，减少传染源。

4. 大田生长期黑胫病防治用药、用量及用法见表 10 - 2。

表 10 - 2　大田生长期黑胫病防治

序号	产品名称	常用量	最高用量	施药方法	最多使用次数	安全间隔期（d）
1	722g/L 霜霉威盐酸盐水剂	900×	600×	喷淋茎基部	2	15
2	25％甲霜·霜霉威可湿性粉剂	800×	600×	喷淋茎基部	2	15
3	48％霜霉·络氨铜水剂	1 500×	1 200×	喷淋茎基部	2	15
4	58％甲霜·锰锌可湿性粉剂	500×	400×	喷淋茎基部	2	10
5	50％烯酰吗啉可湿性粉剂	1 500×	1 250×	喷淋茎基部	3	10
6	10 亿/g 枯草芽孢杆菌粉剂	100g/亩	125g/亩	喷淋茎基部	2	10

5. 蓟马传播的红花大金元番茄斑萎病的综合生物防治措施

（1）在育苗出苗期释放 1 次胡瓜钝绥螨，释放量为 1.6 万～2 万头/棚。

（2）在田间插置功能型蓝板，悬挂密度为 6 块/亩，棋盘式分布，悬挂高度与作物顶端水平并根据烟株长势适时调整，当黏虫面积占蓝板面积的 60％以上时及时更换。

（3）观察番茄斑萎病发病率，当发病率达到 5％～10％时，及时喷施球孢白僵菌，用量为 250～400g/亩，间隔 15d 再喷施 1 次。

八、适时封顶、合理留叶

（一）打顶原则

根据红花大金元烟株长势、土壤肥力状况及当季气候情况进行灵活掌握、适时封顶，要留足叶片数。根据品种特性，留叶 18～20 片。

选在晴天的上午进行，先封健康株，后封带病株。打顶时，应注意所留烟梗比顶叶略高。先打无病烟株再打有病烟株，打下的花芽、花梗等要及时清理出烟田。

（二）打顶方法

（1）扣心打顶：在花蕾包在顶端小叶内时，将花蕾掐去。土壤瘠薄的山丘地、旱地、肥少而烟株长势差的烟田，宜采用。

（2）现蕾打顶：在烟株的花序完全露出顶端叶片，但中心花尚未开放时，将整个花序连同两三片小叶（也称花叶）一同摘去。土壤肥力中等，烟株长势正常的烟田可以考虑采用。

（3）初花打顶：在烟株花序的中心花开放到 50％时，将整个花序，连同两三片小叶一同摘去。水肥条件好，烟株长势旺盛的烟田采用此种打顶方式。

（4）盛花打顶：在多数烟株的花已经大量开放时进行打顶。在烟株长势特别旺盛，营养过剩的情况下宜采用盛花打顶。

（三）人工抹杈

做到早抹、勤抹，当腋芽长至 3～5cm 时抹去。一般每隔 5～7d 抹一次，要连腋芽基部一起抹掉。

（四）化学抑芽

封顶后及时以笔涂或杯淋法，采用允许在烟草上使用的化学抑芽剂进行抑芽，如果化学抑芽不彻底或漏处理的烟株，辅以人工抹杈并补上抑芽剂。

九、成熟采收

1. 下部烟叶：应适熟早收。在封顶后 7～10d 开始采收，即当叶色初显黄色、主脉 1/3 变白及茸毛部分脱落时采收为宜。

2. 中部烟叶：应成熟采收。在封顶后 20～30d 开始采收，即当叶色黄绿色、叶面 2/3 以上变黄，主脉发白、支脉 1/2～2/3 发白，叶尖、叶缘呈黄色及叶面有成熟斑时采收为宜。

3. 上部烟叶：应充分成熟采收。在封顶后 40～50d 开始采收，即当叶色黄色、叶面充分变黄发皱，成熟斑明显，叶脉全白，叶尖下垂及叶缘卷曲时采收为宜。

十、科学烘烤

红花大金元品种烟叶的烘烤特性：变黄期失水快、变黄慢，定色期失水慢、定色难，变黄、定色不协调，易烤枯、烤青、烤杂。烘烤时按"保湿增温促变黄、及时排湿巧定色、稳温延时促黄筋"原则烘烤。

（一）变黄期

装烟后，用 2～3h 使干球温度上升至 30℃，干湿球温度差保持 1～2℃。将干球温度维持在 30～33℃（即变黄前期），干湿球温度差保持 1～2℃，待底台烟叶叶尖变黄 3～5cm，再以每小时 1℃ 的速度升温转入"变黄后期"。

将"变黄后期"干球温度稳定在 34～38℃，干湿球温度差保持 2～3℃，直到底台烟叶基本全黄、支脉微青，再以每小时 0.5℃ 的速度升温转入"凋萎期"。

（二）凋萎期

将"凋萎期"干球温度稳定在 39～43℃，干湿球温度差保持 4～5℃，直到底台支脉全黄、主脉发软、超过一半烟叶叶尖、叶缘开始干燥，再以每小时 0.5℃ 的速度升温转入"干叶前期"。

（三）干叶期

将"干叶前期"干球温度稳定在 44～49℃，湿球温度保持在 36～38℃，待底台烟叶进入主脉全黄全软、叶片干燥超过一半，再以每小时 0.5℃ 的速度升温转入"干叶后期"。

将"干叶后期"干球温度稳定在 50～56℃，湿球温度保持在 37～39℃，待底台烟叶进入叶片全干、主脉干燥超过一半，再以每小时 0.5℃ 的速度升温转入"干筋前期"。

（四）干筋期

将"干筋前期"干球温度稳定在 57～63℃，湿球温度保持在 38～40℃，待底台主脉全干，再以每小时 1.0℃ 的速度升温转入"干筋后期"。

将"干筋后期"干球温度稳定在 64～68℃，湿球温度保持在 39～41℃，待全炉烟叶干燥，烘烤结束（图 10-1）。

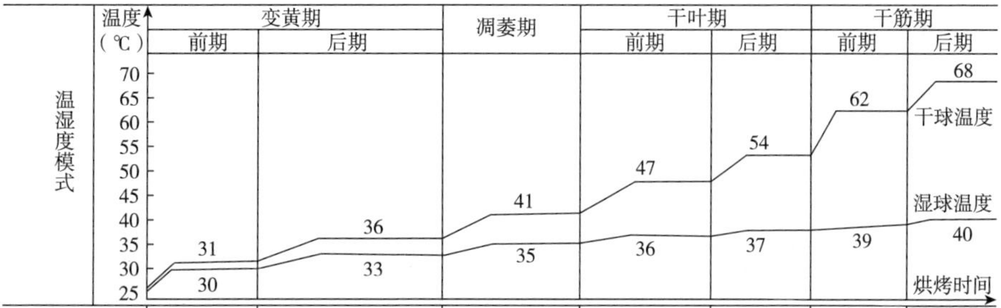

温度(℃)	变黄期		凋萎期	干叶期		干筋期	
	前期	后期		前期	后期	前期	后期
干温范围(℃)	30~33	34~38	39~43	44~49	50~56	57~63	64~68
湿温范围(℃)	28~32	32~35	35~37	36~38	37~39	38~40	39~41
烘烤时间(h)	12~36	36~48	24~36	24~36	12~24	12~24	12~24
地洞操作	关闭	开1/5~1/3	开1/3~1/2	开1/2~2/3	2/3~3/4	3/4~全开	全开至逐步关小
天窗操作	关闭或微开	开1/3~1/2	1/2~全开	1/2~全开	1/2~全开	1/2~全开	全开至逐步关小
底台烟叶变化目标	叶尖变黄3~5cm	叶片基本全黄，支脉微青	支脉全黄，主脉发软，超过一半叶尖、叶缘开始干燥	主脉全黄、叶片干燥一半	叶片全干、主脉干燥超过一半	主脉全干	全炉烟叶干燥

（温湿度模式曲线：变黄期前期31/30，后期36/33；凋萎期41/35；干叶期前期47/36，后期54/37；干筋期前期62/39，后期68/40；上曲线为干球温度，下曲线为湿球温度，横轴为烘烤时间）

图10-1　红花大金元烟叶烘烤工艺

十一、关键配套收购管理规范

1. 采用"一乡一品"种植模式。

2. 要求特色优质烟叶各基地切实做到烟叶按品种、分烟站进行单收、单储、单调。

3. 确保品种真实性（在苗期、大田期及收购时品鉴品种特征）。

4. 科学储存醇化方式。

黑膜覆盖＋喷施酶制剂（α-淀粉酶、糖化酶、蛋白酶等混合酶制剂，其中：α-淀粉酶活力3 700U/g、糖化酶活力100 000U/g、蛋白酶活力60 000U/g）。酶用量分别为：α-淀粉酶900U/g，糖化酶160U/g，蛋白酶80U/g。按烟叶和酶制剂（活力）称取一定酶量，配制成1 250mL酶溶液，将烟叶平放在地面上，用小型喷雾器装适量混合酶制剂溶液均匀喷施烟叶，边喷施边翻动使酶制剂喷洒均匀，将烟叶用黑膜密封包裹3层后储藏醇化。

十二、复烤工艺要求

结合前期研究及大规模复烤在线生产应用效果，针对红花大金元品种总结烟叶打叶复烤工艺参数设置及技术要求，具体如下：

（一）真空回潮

1. 工艺任务

增加烟叶的含水率并升高温度，松散烟叶。

2. 来料标准

根据当地气候条件、来料状况及工艺需求，确定是否进行真空回潮。

当工作环境气温低于 22℃时、烟叶含水率低于 16％时或结块烟叶较多时应采用真空回潮。

3. 技术要点

蒸汽压力、水压力、压缩空气压力等均满足工艺条件要求；各种仪表工作正常，数字及表盘显示准确无误。

真空回潮周期，应视烟叶产地、类型、品种、含水率、烟包粘结程度等情况而定。

真空回潮后的烟叶不得封存在真空柜中，出柜后的烟包存放时间不得超过 30min。如遇设备故障，应采取措施解包散热。

真空回潮后的烟叶应松散柔软，保持原有色泽，叶片无潮红、水渍现象。

4. 质量要求

质量要求，见表 10-3。

表 10-3　质量要求

等级	回潮后包芯温度（℃）	回潮后含水率（％）	回透率（％）
上等烟	50~60	16~18	≥98
中等烟	60~70	16~18	≥98
下（低）等烟	60~75	17~19	≥98

（二）热风润叶（预处理）

1. 工艺任务

提高烟片的温度和水分，为打叶去梗工序做准备。

2. 技术要点

蒸汽压力、水压力、压缩空气压力等均应符合设备的设计及工艺技术要求；各种仪表工作正常，数字显示准确。

加湿加热系统、热风循环系统及传动部件完好，自动调节系统工作正常；蒸汽、水、压缩空气的管道系统及喷嘴畅通，喷嘴雾化效果良好，能满足工艺技术要求，滤网完好畅通。润后烟叶松散，无粘结、水渍、潮红，确保烟叶原有色泽。

润叶后蒸片比例：上部烟<6%、中部烟<7%、下部烟<8%。

3. 关键工艺控制点

关键工艺控制点，如表 10 - 4、表 10 - 5 所示。

表 10 - 4　关键工艺控制点

关键工艺控制点		对应技术参数	
		上/中等	下（低）等
一次润叶	混合风温度（℃）	90～125	105～130
	排潮风门开度（%）	30～80	50～80
	蒸汽喷射压力（MPa）	≤0.5	
	滚筒转速（r/min）	10	
二次润叶	混合风温度（℃）	95～128	110～135
	排潮风门开度（%）	30～80	50～80
	蒸汽喷射压力（MPa）	≤0.5	
	滚筒转速（r/min）	10	

表 10 - 5　质量要求

质量指标	上/中等烟		下（低）等烟	
	一次润叶	二次润叶	一次润叶	二次润叶
温度（℃）	48～52	50～55	48～55	50～60
含水率（%）	15～18	17～20	15～19	18～22
解把率（%）	/	≥95	/	≥95

（三）烤叶

1. 工艺任务

将打叶分离出来的烟梗经过干燥、冷却，控制含水率。

灭杀霉菌、虫卵，适度去除青杂气。

2. 来料标准

来料含水率和流量均匀。

烟叶配方完整一致。

3. 技术要点

蒸汽、水、压缩空气压力符合设备技术要求；各种仪表工作正常，显示准确。

加温、加湿系统及传动部件完好，网板孔不堵塞。

各种阀门及管道接头无跑、冒、滴、漏现象，冷凝水回路排放畅通。

喂料刮板、喂料输送带、匀叶辊速度要根据烟叶流量及时进行调节，网板的速度根据烟叶含水率及厚度进行调节。

根据叶片含水率，设定烤机干燥区温度，采用弧线定温法，低温慢烤。

复烤后叶片含水率要求均匀一致，叶片不得有水渍、烤红、潮红现象。

投料前进行设备预热，夏季提前 20min 预热，冬季提前 25min 预热。

4. 关键工艺控制点

关键工艺控制点，如表 10-6、表 10-7 所示。

表 10-6　关键工艺控制点

关键工艺控制点		对应技术参数	
		上/中等	下（低）等
四个干燥区	流量波动（%）	±3	
	干燥区峰值温度（℃）	70～83	73～85
	相邻干燥区温差（℃）	2～8	
	干燥区总温度（℃）	275～325	287～335
	总干燥时间（min）	3	
	干燥一区排潮风门开度（%）	25～40	25～50
	其他区排潮风门开度（%）	60～70	
	冷却区温度（℃）	35	
	回潮区温度（℃）	50～55	55～60

（续）

关键工艺控制点	对应技术参数	
	上/中等	下（低）等
五个干燥区 流量波动（%）	±3	
干燥区峰值温度（℃）	65～68	67～70
相邻干燥区温差（℃）	≤10	
干燥区总温度（℃）	308～323	318～333
总干燥时间（min）	3	
干燥一区排潮风门开度（%）	40～45	45～50
其他区排潮风门开度（%）	70～80	
冷却区温度（℃）	30	
回潮区温度（℃）	55～60	60～65
六个干燥区 流量波动（%）	±3	
干燥区峰值温度（℃）	64～71	66～73
相邻干燥区温差（℃）	2～8	
干燥区总温度（℃）	348～368	352～370
总干燥时间（min）	6	
冷却区温度（℃）	35	
回潮区温度（℃）	55～60	60～65

表 10-7　质量要求

质量指标	上/中等烟	下（低）等烟
冷却区水分（%）	8～10	8～10.5
冷却区左右含水率极差（%）	≤1	
机尾烟叶温度（℃）	50～55	
机尾烟叶含水率（%）	11.5～13.5	
机尾左中右含水率极差（%）	≤1	
收缩率（%）	≤6	≤7

十三、醇化工艺要求

(一) 工艺任务

将复烤后片烟在适宜环境中存放一定时间，改善和提高烟叶的感官质量，满足卷烟产品配方设计要求。

(二) 来料要求

(1) 烟箱无破损及水浸、雨淋等情况。

(2) 烟片无霉变、异味和虫情等现象。

(三) 质量要求

质量要求如表 10-8 所示。

表 10-8 醇化后片烟质量要求

指标	要求
含水率（%）	10.5~13.0
包芯温度（℃）	<34.0

(四) 技术要点

(1) 应根据片烟醇化特性及使用功能定位，确定醇化环境温湿度和醇化时间。

(2) 不同醇化特性的片烟宜分区域存放。

(3) 定期检测评价感官质量、外观质量、物理质量、化学成分等变化情况，及时掌握片烟醇化程度。

(4) 应实时监测虫情、霉变情况，并采取防虫防霉措施。

(5) 达到最佳醇化期的片烟应及时使用，如需延长使用时间，可采取抑止醇化措施。

参考文献
REFERENCES

艾绥龙，韦成才，1997. 农家旺烤烟专用叶面肥在烟草生产中的应用［J］. 陕西农业科学
　　（5）：10-11.

安东，李新平，张永宏，等，2010. 不同土壤改良剂对碱积盐成土改良效果研究［J］. 干
　　旱地区农业研究，28（5）：115-118.

布云虹，张映翠，胡小东，等，2013. 膜下小苗移栽对烤烟生长发育的影响［J］. 江西农
　　业学报，25（4）：157-160.

蔡寒玉，汪耀富，李进平，等，2005. 土壤水分对烤烟形态和耗水特性的影响［J］. 灌溉
　　排水学报，24（3）：38-41.

蔡宪杰，王信民，尹启生，2004. 烤烟外观质量指标量化分析初探［J］. 烟草科技（6）：
　　37-42.

蔡宪杰，王信民，尹启生，2005. 成熟度与烟叶质量的量化关系研究［J］. 中国烟草学
　　报，11（4）：42-46.

曹景林，林国平，周应兵，等，2000. 皖南不同地貌和不同类型土壤香料烟质量特征分析
　　［J］. 中国烟草科学（3）：25-28.

常寿荣，徐兴阳，罗华元，等，2008. 美国引进烤烟新品种的筛选及利用［J］. 昆明学院
　　学报，30（4）：50-54.

陈江华，刘建利，李志宏，2008. 中国植烟土壤及烟草养分综合管理［M］. 北京：科学
　　出版社.

陈江华，刘建利，龙怀玉，2004. 中国烟叶矿质营养及主要化学成分含量特征研究［J］.
　　中国烟草学报，10（5）：20-27.

陈良元，2002. 卷烟生产工艺技术［M］. 郑州：河南科学技术出版社.

陈茂建，胡小曼，杨焕文，等，2011. 烤烟新品种 PVH19 的种植密度产质量效应［J］.
　　中国农学通报，27（9）：261-264.

陈瑞泰，1987. 中国烟草栽培学［M］. 上海：上海科学技术出版社.

陈顺辉，李文卿，江荣风，等，2003. 施氮量对烤烟产量和品质的影响［J］. 中国烟草学
　　报（增刊），36：40.

陈万年，宋纪真，范坚强，等，2003. 福建和云南烤烟烟片的最佳醇化期及适宜贮存时间
　　［J］. 烟草科技（7）：9-12.

陈伟,王三根,唐远驹,等,2008. 不同烟区烤烟化学成分的主导气候影响因子分析 [J]. 植物营养与肥料学报, 14 (1): 144-150.

陈讯, 1995. 贵州烤烟土壤条件与优质烤烟的施肥 [M]. 贵阳: 贵州科技出版社.

陈永明,陈建军,邱妙文, 2010. 施氮水平和移栽期对烤烟还原糖及烟碱含量的影响 [J]. 中国烟草科学, 31 (1): 34-36.

陈用,马本宁, 2004. 红花大金元品种最佳成熟度及烘烤技术 [J]. 耕作与栽培 (4): 50-53.

陈玉仓,马会民,关皎芳, 2007. 平陆烤烟施氮量试验 [J]. 山西农业科学, 35 (35): 59-61.

陈志敏,彭业敏,许忠元,等, 2012. 优化烟叶结构对烟叶产量及质量的影响 [J]. 湖南农业科学 (12): 19-20.

程昌新,王超,杨应明,等, 2015. 储藏醇化措施对烤烟烟包内温湿度及烟叶品质的影响 [J]. 烟草科技, 48 (2): 16-20.

程亮,毕庆文,许自成,等, 2009. 湖北保康不同海拔高度生态因素对烟叶品质的影响 [J]. 郑州轻工业学院学报 (自然科学版), 24 (2): 15-20.

程占省, 2001. 烟叶分级工 [M]. 北京: 中国农业科技出版社.

崔保伟,陆引罡,张振中,等, 2008. 烤烟生长发育及化学品质对水分胁迫的响应 [J]. 河南农业科学 (11): 55-58.

崔学林, 2009. 不同前茬对植烟土壤及烟叶产质量的影响 [D]. 长沙: 湖南农业大学.

代丽,黄永成,童旭华,等, 2009. 采收方式对烤烟上部叶香味品质的影响 [J]. 华北农学报, 24 (2): 158-163.

戴冕, 2000. 我国主产烟区若干气象因素与烟叶化学成分关系的研究 [J]. 中国烟草学报, 6 (1): 27-34.

戴冕,冯福华,周会光, 1985. 光环境对烟草叶片的若干生理生态影响 [J]. 中国烟草 (1): 1-5.

邓小华,陈冬林,周冀衡,等, 2008. 湖南烟区烤烟钾含量变化及聚类分析 [J]. 烟草科技, (12): 52-56.

丁根胜,王允白,陈朝阳,等, 2009. 南平烟区主要气候因子与烟叶化学成分的关系 [J]. 中国烟草科学, 30 (4): 26-30.

丁伟,关博谦,谢会川, 2007. 烟草药剂保护 [M]. 北京: 中国农业科学技术出版社.

董大志,秦西云,张丽坤, 2011. 云南烟草害虫及其天敌近期调查研究 [C]. 云南省昆虫学会 2011 年学术论文集, 252-257.

董良早, 2010. 测土施肥技术 [J]. 现代农业科技, 13: 314-316.

董谢琼,徐虹,杨晓鹏,等, 2005. 基于 GIS 的云南省烤烟种植区划方法研究 [J]. 中国农业气象, 26 (1): 16-19.

窦逢科, 1992. 烟草品质与土壤肥料 [M]. 郑州: 郑州科学技术出版社.

杜伟文,朱列书,刘本坤,等, 2011. 一次性成熟采烤对 K326 上部 6 片烟叶品质的影响

［J］. 安徽农业科学，39（18）：11000 - 11002.

端永明，徐兴阳，尹平，等，2011. "多肽保"对烟草赤星病的防治效果探索［J］. 昆明学院学报，33（6）：21 - 22.

范坚强，宋纪真，陈万年，等，2003. 醇化过程中烤烟片烟化学成分的变化［J］. 烟草科技（8）：19 - 22.

付继刚，陈丽萍，艾复清，2010. 烤烟红花大金元采收成熟度对烟叶干鲜比及烤后烟叶等级质量的影响［J］. 山地农业生物学报，29（2）：104 - 106.

高福宏，詹莜国，张晓海，等，2012. 不同综合抗旱技术对烤烟农艺性状和经济性状的影响比较［J］. 中国农学通报，28（13）：249 - 254.

高贵，田野，邵忠顺，等，2005. 留叶数和留叶方式对上部叶烟碱含量的影响［J］. 耕作与栽培（5）：26 - 27.

高林，董建新，武可峰，等，2012. 土壤类型对烟草生长发育的影响研究进展［J］. 中国烟草科学，33（1）：98 - 101.

宫长荣，周义和，杨焕文，2006. 烤烟三段式烘烤导论［M］. 北京：科学出版社.

古战朝，2012. 烤烟主产区生态因子与烟叶品质的关系［D］. 郑州：河南农业大学.

顾明华，周晓，韦建玉，等，2009. 有机无机肥配施对烤烟脂类代谢的影响研究［J］. 生态环境学报（2）：280 - 284.

顾学文，王军，谢玉华，2012. 种植密度与移栽期对烤烟生长发育和品质的影响［J］. 中国农学通报，28（22）：258 - 264.

关玉生，陈玉昌，韩晋，1998. 中条山烟区烤烟不同移栽期比较试验［J］. 山西农业科学，26（3）：88 - 89.

郭汉华，易建华，张延春，等，2005. 烤烟大穴深栽对田间小气候与生育期的影响研究［J］. 作物研究（5）：12 - 16.

郭利，李娅，曹祥练，等，2008. 烤烟地膜覆盖不同栽培方式试验研究［J］. 现代农业科技（16）：175 - 177.

国家烟草专卖局，2016. 卷烟工艺规范［M］. 北京：中国轻工业出版社.

韩锦峰，2003. 烟草栽培生理［M］北京：中国农业出版社.

韩锦峰，汪耀富，岳翠凌，等，1994. 干旱胁迫下烤烟光合特性和氮代谢研究［J］. 华北农学报，9（2）：39 - 45.

郝春玲，艾复清，舒中兵，等，2010. 采收成熟度对红花大金元烤后烟叶钾含量、氯含量及钾氯比的影响［J］. 河南农业科学，1：44 - 46.

郝葳，田孝华，1996. 优质烟区土壤物理性状分析与研究［J］. 烟草科技，5：34 - 35.

何晨阳，王金生，1996. 植物过敏反应中的生理生化变化［J］. 植物生理学通讯，32（2）：150 - 154.

何欢辉，王峰吉，高文霞，等，2008. 不同施氮量对烤烟品系产量和品质的影响［J］. 安徽农业科学，36（12）：5028 - 5030.

何嘉欧，2006. 成熟度和烤房烘烤设备与烟叶产质量关系的研究［J］. 广西烟草（2）：

16-19.

何晓健，李佛琳，杨焕文，等，2011. 伊洛瓦底江支流保山龙川江流域冬春季早植烤烟与夏烟两种生产时令的气象因子比较分析 [J]. 云南农业大学学报，26 (S2)：25-34.

洪祖灿，赖成连，张恩仁，等，2010. 采收成熟度对烤后烟叶质量的影响 [J]. 安徽农业科学，38 (9)：4518-4521.

胡国松，郑伟，王震东，等，2000. 烤烟营养原理 [M]. 北京：科学出版社.

胡有持，牟定荣，李炎强，等，2004. 云南烤烟复烤片烟自然陈化时间与质量关系的研究 [J]. 中国烟草学报，10 (4)：1-7.

胡钟胜，杨春江，施旭，等，2012. 烤烟不同移栽期的生育期气象条件和产量品质对比 [J]. 气象与环境学报，28 (2)：66-70.

黄成江，张晓海，李天福，等，2007. 中国植烟土壤理化性状的适宜性研究进展 [J]. 农业科技导报，9 (1)：42-46.

黄建华，陈洪凡，王丽思，等，2016. 应用捕食螨防治蓟马研究进展 [J]. 中国生物防治学报，32 (1)：119-124.

黄静文，段焰青，杨金奎，等，2010. 烟叶主要致香成分和烟叶等级以及醇化时间的对比分析 [J]. 江西农业大学学报，32 (3)：440-445.

黄一兰，李文卿，陈顺辉，等，2001. 移栽期对烟株生长、各部位烟叶比例及产、质量的影响 [J]. 烟草科技 (11)：38-40.

黄一兰，王瑞强，王雪仁，2004. 打顶时间与留叶数对烤烟产质量及内在化学成分的影响 [J]. 中国烟草科学 (4)：18-22.

黄莺，黄宁，冯勇刚，等，2008. 不同氮肥用量、密度和留叶数对贵烟4号烟叶经济性状的影响 [J]. 安徽农业科学，36 (2)：597-600.

黄中艳，王树会，朱勇，等，2007. 云南烤烟5项化学成分含量与其环境生态要素的关系 [J]. 中国农业气象，28 (3)：312-317.

简辉，杨学良，2006. 复烤温度对烟叶化学成分及感官质量的影响 [J]. 烟草科技，12：12-19.

江豪，陈朝阳，2001. 打顶、留叶对烟叶产量及质量的影响 [J]. 福建农业大学学报（自然科学版），30 (3)：329-333.

江豪，陈朝阳，王建明，等，2002. 种植密度、打顶时期对云烟85烟叶产量及质量的影响 [J]. 福建农林大学学报（自然科学版），31 (4)：437-441.

姜灿烂，何园球，刘晓利，等，2010. 长期施用有机肥对旱地红壤团聚体结构与稳定性的影响 [J]. 土壤学报，47 (4)：715-722.

蒋冬花，郭泽建，郑重，2002. 隐地蛋白（cryptogein）基因定点突变及其广谱抗病烟草转化植株的获得 [J]. 植物生理与分子生物学学报，28 (5)：399-406.

蒋水萍，张拯研，郑仕方，等，2013. 优化烟叶结构后不同采收成熟度对烤烟品质的影响 [J]. 河南农业科学，42 (11)：40-45.

蒋文昊，李援农，黄晔，等，2011. 不同生育期灌水量对烤烟生长发育及产量的影响

[J]. 节水灌溉（2）：33 - 35.

金爱兰，1991. 晒红烟成熟期气象因素对烟叶烟碱含量的影响 [J]. 烟草科技（1）：29 - 31.

金闻博，1994. 烟草化学 [M]. 北京：清华大学出版社.

金亚波，韦建玉，屈冉，等，2008. 烤烟大田期干物质动态积累研究 [J]. 安徽农业科学院，36（14）：5830 - 5832，5865.

孔德钧，冯先情，熊晶，等，2012. 种植密度对红花大金元农艺经济性状及品质的影响 [J]. 作物栽培，26（7）：156 - 158.

孔凡明，许志刚，1998. 水稻不育系抗白叶枯病与体内酶活性变化的关系 [J]. 安徽农业大学学报（3）：217 - 223.

孔银亮，韩富根，沈铮，等，2011. 小苗膜下移栽对烤烟硝酸还原酶、转化酶活性剂致香物质的影响 [J]. 中国烟草科学，32（6）：47 - 52.

寇洪萍，1999. 土壤 pH 值对烟草生长发育及内在品质的影响 [D]. 长春：吉林农业大学.

蓝海燕，田颖川，王长海，等，2000. 表达 β - 1,3 - 葡聚糖酶及几丁质酶基因的转基因烟草及其抗真菌病的研究 [J]. 遗传学报，27（1）：70 - 77.

雷永和，许美玲，黄学跃，1999. 云南烟草品种志 [M]. 昆明：云南科技出版社.

黎成厚，刘元生，何滕兵，等，1999. 土壤质地等对烤烟生长及钾素营养的影响 [J]. 山东农业生物学报，18（4）：203 - 208.

黎妍妍，丁伟，李传玉，等，2007. 贵州烟区生态条件及烤烟质量状况分析 [J]. 安全与环境学报，7（2）：96 - 100.

李东霞，杨兴友，刘国顺，等，2009. 遮阴对烤烟叶片结构和中性致香物质含量的影响 [J]. 安徽农业科学，37（18）：8449 - 8450，8483.

李佛琳，罗杰，2008. 氮钾追肥不同施用量对烤烟生长性状的影响 [J]. 安徽农业科学，36（29）：12785 - 12786.

李腹广，田野，蒋斌，等，2007. 黔西南优质烤烟基地的气候与适宜移栽期研究 [J]. 云南地理环境研究（12）：5 - 10.

李海平，朱列书，黄魏魏，等，2008. 不同植烟密度对填充型烟叶烟株农艺性状和产量的影响 [J]. 湖南农业科学（3）：34 - 35，38.

李洪勋，2008. 不同施氮量和密度对烤烟产量和质量的影响 [J]. 吉林农业科学，33（3）：22 - 26.

李伟，王超，刘浩，等，2017. 云南某卷烟品牌省内基地烟碱含量区划与分类调控技术探讨 [J]. 西南农业学报，3（增刊）：106 - 109.

李文卿，陈顺辉，柯玉琴，等，2013. 不同移栽期对烤烟生长发育及质量风格的影响 [J]. 中国烟草学报，19（4）：48 - 54.

李向东，2003. 红花大金元烟叶低温延时烘烤技术 [J]. 农村实用技术（1）：51 - 52.

李晓，2004. 对提高烟叶成熟度的认识 [J]. 中国烟草科学（4）：33 - 34.

李炎强，胡有持，王瘴，等，2001. 烤烟叶片与烟梗挥发性、半挥发性酸性成分的研究 [J]. 中国烟草学报（1）：1 - 5.

李永忠，罗鹏涛，1995. 氯在烟草体内的生理代谢功能及其应用 [J]. 云南农业大学学报，10 (1)：57 - 61.

李跃武，陈朝阳，江囊，等，2001. 烤烟品种云烟烟叶的成熟度：成熟度与叶片组织结构、叶色、化学成分的关系 [J]. 福建农林大学学报，31 (1)：16 - 21.

廖惠云，甘学文，陈晶波，等，2006. 不同产地烤烟复烤烟叶 C3F 致香物质与其感官质量的关系 [J]. 烟草科技 (7)：46 - 50.

刘百战，冼可法，1993. 不同部位、成熟度及颜色的云南烤烟中某些中性香味成分的分析研究 [J]. 中国烟草学报 (1)：46 - 53.

刘方，何腾兵，刘元生，等，2002. 长期连作黄壤烟地养分变化及其施肥效应分析 [J]. 烟草科技 (6)：30 - 33.

刘方，罗海波，钱晓刚，等，2003. 增施氮肥和环割对烤烟光合速率的影响 [J]. 土壤 (3)：259 - 261.

刘枫，赵正雄，李忠环，等，2011. 不同前茬作物条件下烤烟氮磷钾养分平衡 [J]. 应用生态学报，22 (10)：2622 - 2626.

刘国顺，2003. 国内外烟叶质量差距分析和提高烟叶质量技术途径探讨 [J]. 中国烟草学报 (增刊)：54 - 58.

刘国顺，2003. 烟草栽培学 [M]. 北京：中国农业出版社.

刘国顺，彭华伟，2005. 生物有机肥对植烟土壤肥力及烤烟干物质积累的影响 [J]. 河南农业科学，1：46 - 50.

刘国顺，乔新荣，王芳，等，2007. 光照强度对烤烟光合特性及其生长和品质的影响 [J]. 西北植物学报，27 (9)：1833 - 1837.

刘洪华，赵铭钦，王付峰，等，2010. 有机无机肥配施对烤烟挥发性香气物质的影响 [J]. 中国烟草学报 (5)：69 - 75.

刘洪华，赵铭钦，王付峰，等，2010. 有机无机肥配施对烤烟质体色素及降解产物的影响 [J]. 中国烟草学报 (5)：58 - 64.

刘洪祥，1980. 烤烟几个性状间相关性的初步分析 [J]. 中国烟草 (2)：8 - 10.

刘健康，郭群召，薛剑波，2010. 凉山烟区红花大金元采收适宜成熟度研究 [J]. 西南农业学报 (3)：656 - 659.

刘君丽，陈亮，孟玲，2003. 疫霉病害的发生与化学防治研究进展 [J]. 农药，42 (4)：13 - 15.

刘玉学，刘微，吴伟祥，等，2009. 土壤生物质炭环境行为与环境效应 [J]. 应用生态学报，20 (4)：977 - 982.

刘贞琦，伍贤进，刘振业，1995. 土壤水分对烟草光合生理特性影响的研究 [J]. 中国烟草学报，2 (3)：44 - 49.

龙明锦，厉福强，蒋玉梅，等，2007. 不同施氮量对大田烤烟产量及质量的影响 [J]. 农技服务，24 (9)：47 - 48，73.

鲁明波，苏湘鄂，梅兴国，1998. 真菌诱导物对红豆杉细胞的影响 [J]. 华中理工大学学报，26：107-109.

吕芬，邓盛斌，李卓腾，2005. 烤烟品种小区比较试验 [J]. 西南农业学报 (6)：724-727.

罗建新，石丽红，龙世平，2005. 湖南主产烟区土壤养分状况与评价 [J]. 湖南农业大学学报（自然科学版），31 (4)：376-380.

罗以贵，包开荣，刘彦中，等，2007. 8 个烤烟品种在低纬中海拔地区的比较实验 [J]. 中国种业 (5)：41-43.

马文广，郑昀晔，李永平，2009. 烤烟主栽品种的演变特点与问题思考 [J]. 福建农业科技 (3)：12-14.

马武军，陈元生，罗战勇，1999. 烟草花叶病防治技术研究概况 [J]. 广东农业科学 (2)：36-38.

莫笑晗，秦西云，杨程，等，2003. 烟草脉扭病毒基因组 F71S 分序列的克隆和分析 [J]. 中国病毒学，18 (1)：58-62.

穆青，潘悦，蒋水萍，等，2016. 释放捕食螨对蓟马传播烟草番茄斑萎病的控制效果 [J]. 贵州农业科学，44 (9)：63-67.

聂荣邦，曹胜利，1997. 肥料种类与配比对烤烟生长发育及产量品质的影响 [J]. 湖南农业大学学报，23 (5)：38-42.

聂荣邦，赵松义，曹胜利，等，1995. 烤烟生育动态与烟叶品质关系的研究 [J]. 湖南农业大学学报，21 (4)：354-360.

潘根兴，张阿凤，邹建文，等，2010. 农业废弃物生物黑炭转化还田作为低碳农业途径的探讨 [J]. 生态与农村环境学报，26 (4)：394-400.

潘广为，向炳清，孔伟，等，2013. 高海拔地区烟草留叶数对烤烟产量、质量的影响 [J]. 湖北农业科学，52 (14)：3338-3341.

潘秋筑，钱晓刚，1994. 钾肥施用技术对烟叶钾含量影响的初步研究 [J]. 土壤肥料 (3)：26-28.

彭静，郭磊，彭琼，等，2013. 不同灌溉方式对烤烟的生长及品质的影响 [J]. 植物生理学报，49 (1)：53-56.

彭清云，易图永，2008. 防治烟草黑胫病研究进展 [J]. 河北农业科学，12 (6)：29-31.

彭云，赵正雄，李忠环，等，2010. 不同前茬对烤烟生长、产量和质量的影响 [J]. 作物学报，36 (2)：335-340.

秦西云，2005. 烟草丛顶病在中国的发现及研究进展 [J]. 中国烟草科学 (3)：45-48.

邱标仁，林桂华，沈焕梅，等，2000. 提高龙岩烟区上部叶可用性的途径 [J]. 中国烟草科学，21 (2)：18-20.

邱忠智，孙智荣，孙文刚，等，2013. 种植密度对烤烟生长发育特征的影响 [J]. 广东农业科学 (18)：16-18.

上官克攀，杨虹琦，罗桂森，等，2003. 种植密度对烤烟生长和烟碱含量的影响 [J]. 烟草科技 (8)：42-45.

尚素琴，刘平，张新虎，2016. 不同温度下巴氏新小绥螨对西花蓟马初孵若虫的捕食功能

[J]. 植物保护，42（3）：141-144.

邵丽，晋艳，杨宇虹，等，2002. 生态条件对不同烤烟品种烟叶产质量的影响 [J]. 烟草科技（10）：40-45.

时修礼，李国栋，杨庆敏，2002. 利用气候资源发展豫西烤烟生产 [J]. 河南气象，3：38.

史宏志，韩锦峰，远彤，等，1999. 红光和蓝光对烟叶生长、碳氮代谢和品质的影响 [J]. 作物学报，25（2）：215-220.

史宏志，刘国顺，杨慧娟，等，2011. 烟草香味学 [M]. 北京：中国农业出版社.

舒中兵，艾复清，樊宁，等，2009. 不同成熟度对红花大金元上部烟叶等级质量的影响 [J]. 湖北农业科学，48（10）：2481-2483.

宋国华，陈玉国，王海涛，等，2013. 烤烟膜下移栽避蚜防病保护栽培技术研究与应用 [J]. 河南农业科学，42（8）：82-85.

宋纪真，张增基，陈永龙，2003. 贮存模式对烤烟片烟醇化质量的影响 [J]. 烟草科技（9）：6-8.

宋淑芳，陈建军，周冀衡，等，2012. 留叶数对烤烟品质形成的影响 [J]. 中国烟草科学（6）：39-43.

宋延静，龚骏，2010. 施用生物质碳对土壤生态系统功能的影响 [J]. 鲁东大学学报（自然科学版），26（4）：361-365.

苏家恩，米建华，刘运国，等，2008. 红花大金元烤烟烘烤工艺的改进 [J]. 烟草科技（5）：63-65.

孙福山，徐秀红，宫长荣，2010. 烟草调制技术发展现状与趋势 [C]. //中国烟草学会. 2009—2010 烟草科学与技术学科发展报告. 北京：中国烟草学会.

孙梅霞，2000. 烟草生理指标与土壤含水量的关系 [J]. 中国烟草科学，21（2）：30-33.

谭军，刘晓颖，李强，等，2016. 文山烟区土壤和烟叶氯素特征及影响因子研究 [J]. 中国烟草科学，37（5）：40-46.

唐春平，2009. 如何提高打叶复烤加工工艺水平 [J]. 湖南烟草（S1）：298-301.

唐莉娜，熊德中，1999. 有机无机肥配施对烤烟氮磷钾营养分配及产量和质量的影响 [J]. 福建农业学报（2）：50-55.

唐士军，李东亮，戴亚，等，2009. 烤烟醇化过程糖碱比、氮碱比的 GM（1，1）灰色预测模型 [J]. 中国烟草学报（10）：20-23.

唐新苗，王丰，纪春媚，等，2011. 贵州省土壤养分环境与烟叶质量的关系研究 [J]. 河南农业科学，40（5）：84-88.

田卫霞，2013. 不同移栽期对烤烟品质的影响 [D]. 福州：福建农林大学.

童荣昆，杨晓安，李自祥，等，2000. 昆明市红花大金元品种植烟土壤养分状况及施肥对策 [J]. 中国烟草科学（3）：7-8.

汪长国，李宁，寇明钰，等，2013. 复烤烟叶异地醇化过程中生物活性的变化 [J]. 中国农业大学学报，18（2）：105-109.

汪健，杨云高，王松峰，等，2010. 烤烟红花大金元上部叶采收方式研究 [J]. 中国烟草

科学 (2)：15 - 19.

王安柱，黄东亮，1997. 不同覆盖处理对旱作烤烟生育和产质量效应之研究 [J]. 西北农业学报，6 (4)：65 - 68.

王彪，李天福，2005. 气象因子与烟叶化学成分关联度分析 [J]. 云南农业大学学报，20 (5)：742 - 745.

王博文，王洋，阎秀峰，2006. 光强对喜树幼苗喜树碱含量及分配的影响 [J]. 黑龙江大学自然科学学报 (2)：35 - 38.

王付锋，赵铭钦，张学杰，等，2010. 种植密度和留叶数对烤烟农艺性状及品质的影响 [J]. 江苏农业学报，26 (3)：487 - 492.

王广山，陈卫华，薛超群，等，2001. 烟碱形成的相关因素分析及降低烟碱技术措施 [J]. 烟草科技 (2)：38 - 41.

王寒，陈建军，林锐峰，等，2013. 粤北地区移栽期对烤烟成熟期生理生化指标和经济性状的影响 [J]. 中国烟草学报，19 (6)：71 - 77.

王娟，李文娟，周丽娟，等，2013. 云南主要烟区初烤烟叶物理特性的稳定性及质量水平分析 [J]. 湖南农业科学 (17)：18 - 31.

王能如，李章海，王东胜，等，2009. 我国烤烟主体香味成分研究初报 [J]. 中国烟草科学，30 (3)：1 - 6.

王全明，2012. 凉山烟区红花大金元烟叶成熟度与烘烤工艺研究 [D]. 北京：中国农业科学院.

王瑞新，2003. 烟草化学 [M]. 北京：中国农业出版社.

王松峰，杨云高，土爱华，2012. 烤烟品种红花大金元烘烤工艺优化研究 [J]. 中国烟草科学，33 (2)：52 - 56.

王伟宁，2013. 红花大金元品种烘烤特性及其烘烤工艺的优化 [D]. 郑州：河南农业大学.

王小东，汪孝国，许自成，等，2007. 对烟叶成熟度的再认识 [J]. 安徽农业科学，35 (9)：2644 - 2645.

王晓宾，周亮，刘春奎，等，2012. 新形势下烟叶原料供需结构性矛盾分析 [J]. 现代农业科技 (17)：284 - 285.

王欣，许自成，闫铁军，等，2008. 烤烟品种红花大金元化学成分的变异分析 [J]. 河南科技大学学报，29 (3)：81 - 83.

王欣英，李文庆，张兴海，等，2006. 前茬作物营养对烟草生长和品质的影响 [J]. 河南农业科学 (2)：42 - 46.

王彦亭，王树声，刘好宝，2005. 中国烟草地膜覆盖栽培技术 [M]. 北京：中国农业科学技术出版社.

王彦亭，谢剑平，李志宏，2009. 中国烟草种植区划 [M]. 北京：科学出版社.

王艺霖，赵丽伟，肖炳光，等，2012. 不同基因型烤烟的钾素营养特性 [J]. 江苏农业学报，28 (3)：472 - 476.

王勇，刘红恩，杨超，等，2011. 重庆市烤烟质量空间变异特征及其与作物茬口关系研究

[J]. 江西农业学报, 23 (9): 27 - 30.

王宇, 2012. 灌溉模式对烤烟不同生育期光合特性的影响 [J]. 节水灌溉 (3): 36 - 39.

王玉芳, 张明生, 彭斯文, 等, 2009. 土壤质地和水分对红花大金元生长的影响 [J]. 山地农业生物学报, 28 (3): 189 - 192.

王正旭, 陈明辉, 申国明, 等, 2011. 施氮量和留叶数对烤烟红花大金元产质量的影响 [J]. 中国烟草科学 (3): 76 - 79.

王志德, 张兴伟, 刘艳华, 2014. 中国烟草核心种质图谱 [M]. 北京: 科学技术文献出版社.

王志勇, 2014. 优化烟叶结构对烟叶品质及经济性状的影响 [D]. 长沙: 湖南农业大学.

韦成才, 马英明, 艾绥龙, 等, 2004. 陕南烤烟质量与气象关系研究 [J]. 中国烟草科学 (3): 38 - 41.

温明霞, 易时来, 李学平, 等, 2004. 烤烟中氯与其他主要营养元素的关系 [J]. 中国农学通报, 20 (5): 62 - 65.

温永琴, 徐丽芬, 陈宗瑜, 等, 2002. 云南烤烟石油醚提取物和多酚类与气候要素的关系 [J]. 湖南农业大学学报, 28 (2): 103 - 105.

吴家昶, 李军营, 杨宇虹, 等, 2011. 种植密度对津巴布韦引进品种 KRK26 烟叶产量质量和化学成分的影响 [J]. 西南农业学报, 24 (1): 38 - 42.

吴俊龙, 赵莉, 李俊丽, 等, 2012. 烤前不同晾置时间对红花大金元烟叶产质量的影响 [J]. 湖南农业科学 (21): 93 - 95, 99.

吴玉萍, 陈萍, 师君丽, 等, 2010. 云南省不同品种和产区烤烟中钾含量的差异分析 [J]. 云南大学学报 (自然科学版), 32 (S1): 42 - 46.

吴云霞, 杨林英, 郑克宽, 1996. 烤烟主要化学成分含量及产量与种植密度、氮肥种类的关系 [J]. 内蒙古农业科技 (2): 9 - 11, 20.

武德传, 周冀衡, 李章海, 等, 2010. 复烤片烟醇化过程中几种化合物含量及相关酶活性的变化 [J]. 中国烟草科学, 31 (3): 78 - 81.

武雪萍, 朱凯, 刘国顺, 等, 2005. 有机无机肥配施对烟叶化学成分和品质的影响 [J]. 土壤肥料 (1): 10 - 13.

夏炳乐, 颜春雷, 2007. 生物酶制剂提高烟叶醇化质量 [J]. 烟草科技 (11): 13 - 16, 20.

夏海乾, 孟琳, 石俊雄, 等, 2011. 精准施肥技术在烟草上的应用 [J]. 西南农业学报, 24 (6): 2263 - 2269.

冼可法, 沈朝智, 戚万敏, 等, 1992. 云南烤烟中性香味物质分析研究 [J]. 中国烟草学报 (2): 1 - 9.

肖汉乾, 何录秋, 王国宝, 2002. 烤烟地膜覆盖栽培的负效应及其调控措施 [J]. 耕作与栽培 (3): 16 - 57.

肖金香, 刘正和, 王燕, 等, 2003. 气候生态因素对烤烟产量与品质的影响及植烟措施研究 [J]. 中国生态农业学报, 11 (4): 158 - 160.

肖协忠, 李德臣, 郭承芳, 等, 1997. 烟草化学 [M]. 北京: 中国农业科学技术出版社.

肖志新, 郭应成, 张发明, 等, 2010. 云南保山市烤烟氯素含量及施氯量研究 [J]. 云南农业大学学报, 25 (5): 655 - 658.

谢敬明, 尹文有, 2006. 浅析红河州中低海拔日照时数对烟叶品质的影响 [J]. 贵州气象, 30 (1): 34 - 36.

谢孔华, 刘坤华, 谭雪庆, 等, 2013. 不同种植密度对烤烟产量和质量的影响 [J]. 广东农业科学, 40 (20): 16 - 18.

谢利忠, 甘建雄, 叶志国, 等, 2009. 不同采收成熟度对红花大金元烟叶质量的影响 [J]. 中国农学通报, 25 (16): 128 - 131.

谢卫, 刘江生, 杨斌, 等, 2003. 不同部位烤烟中香味成分的分析研究 [J]. 福建分析测试 (2): 4 - 6.

谢永辉, 张宏瑞, 刘佳, 等, 2013. 传毒蓟马种类研究进展 (缨翅目, 蓟马科) [J]. 应用昆虫学报, 50 (6): 1726 - 1736.

谢永辉, 张留臣, 王志江, 等, 2019. 烤烟不同生长期蓟马种类和发生规律分析 [J]. 烟草科技, 52 (1): 23 - 29.

谢已书, 邹焱, 李国彬, 等, 2010. 密集烤房不同装烟方式的烘烤效果 [J]. 中国烟草科学, 31 (3): 67 - 69.

熊茜, 查永丽, 毛昆明, 等, 2012. 小麦秸秆覆盖量对烤烟生长及烟叶产质量的影响 [J]. 作物研究, 26 (6): 649 - 653.

徐安传, 李佛林, 王超, 2007. 氯素对烤烟生长发育和品质的影响研究进展 [J]. 中国烟草科学, 28 (2): 6 - 9.

徐长亮, 夏开宝, 曾嵘, 等, 2009. 青霉菌灭活菌丝体对烟草生长及黑胫病防治的影响 [J]. 青海师范大学学报 (自然科学版) (2): 40 - 43.

徐国伟, 常二华, 蔡建, 等, 2005. 秸秆还田的效应及影响因素 [J]. 耕作与栽培 (1): 6 - 9.

徐玲, 陈晶波, 刘国庆, 等, 2008. 烤烟成熟度的研究进展 [J]. 安徽农业科学, 36 (20): 8630 - 8632.

徐晓燕, 孙五三, 李章海, 等, 2001. 烟碱的生物合成及控制烟碱形成的相关因素 [J]. 安徽农业科学, 29 (5): 663 - 664, 666.

徐兴阳, 端永明, 董家红, 等, 2010. 植物有机诱导抗病剂 "多肽保" 对 TMV 的防控效果 [J]. 昆明学院学报, 32 (6): 6 - 9.

徐兴阳, 罗华元, 欧阳金, 等, 2007. 红花大金元品种的烟叶质量特性及配套栽培技术探讨 [J]. 中国烟草科学, 28 (5): 26 - 30.

徐兴阳, 欧阳进, 张俊文, 2008. 烤烟品种数量性状与烟叶产量和产值灰色关联度分析 [J]. 中国烟草科学, 29 (2): 23 - 26.

徐照丽, 杨宇虹, 2008. 不同前作对烤烟氮肥效应的影响术 [J]. 生态学杂志, 27 (11): 1926 - 1931.

许东亚, 焦恒哲, 孙军伟, 等, 2015. 云南大理红大产区土壤理化性状与烟叶质量的关系 [J]. 土壤通报 (46): 1373 - 1379.

许自成，刘国顺，刘金海，等，2005. 铜山烟区生态因素和烟叶质量特点 [J]. 生态学报，25 (7)：1748-1753.

宣凤琴，韩效钊，王启聪，等，2011. 微量元素水溶肥料在油菜上的应用效果 [J]. 安徽农业科学 (18)：10891-10892.

薛超群，段卫东，王建安，2017. 烟草病虫害绿色防控 [M]. 郑州：河南科学技术出版社.

薛刚，杨志晓，张小全，等，2012. 不同氮肥使用方式对烤烟生长发育及品质的影响 [J]. 西北农业学报，21 (6)：98-102.

闫克玉，2002. 烟草化学 [M]. 郑州：郑州大学出版社.

闫克玉，袁志永，吴殿信，等，2001. 烤烟质量评价指标体系研究 [J]. 郑州轻工业学院学报 (自然科学版)，16 (12)：57-61.

闫克玉，赵献章，2003. 烟叶分级 [M]. 北京：中国农业出版社.

闫玉秋，方智勇，王志宇，等，1996. 试论烟草中烟碱含量及其调节因素 [J]. 烟草科技 (6)：31-34.

闫柱怀，方保，2014. 龙陵县低热河谷流域不同覆膜移栽方式对冬春烟生长及产质量的影响 [J]. 西昌学院学报 (自然科学版)，28 (3)：8-11.

颜成生，2006. 衡南植烟土壤肥力及其与烟叶质量的关系 [D]. 长沙：湖南农业大学.

颜成生，向鹏华，罗建新，等，2012. 衡南植烟土壤主要养分状况及分析 [J]. 作物研究，26 (3)：252-254.

杨虹琦，周冀衡，李永平，等，2008. 云南不同产区主栽烤烟品种烟叶物理特性的分析 [J]. 中国烟草学报 (6)：30-36.

杨虹琦，周冀衡，罗泽民，等，2004. 不同时期打顶对烤烟内在化学成分的影响 [J]. 湖南农业科学 (4)：19-22.

杨虹琦，周冀衡，杨述元，等，2005. 不同产区烤烟中主要潜香型物质对评吸质量的影响研究 [J]. 湖南农业大学学报 (自然科学版)，31 (1)：10-14.

杨家波，邵维雄，陈恒旺，2009. 腾冲县烤烟夏烟早植技术 [J]. 云南农业科技 (S1)：76-78.

杨举田，2008. 烤烟小苗膜下移栽技术研究与应用 [D]. 北京：中国农业科学院.

杨军章，钱文友，黄铧，等，2012. 施氮量对烤烟云烟97和云烟99生长及产量的影响 [J]. 浙江农业科学，1 (11)：1492-1494.

杨俊兴，杨虹琦，周冀衡，等，2007. 不同施肥量对成熟期烟叶生长及产量和质量的影响 [J]. 作物研究 (1)：24-27.

杨龙祥，杨明，李忠环，等，2004. 不同品种烤烟大田期几种营养元素积累与分配研究初报 [J]. 云南农业大学学报，19 (4)：428-432，439.

杨隆飞，占朝琳，郑聪，等，2011. 施氮量与种植密度互作对烤烟生长发育的影响 [J]. 江西农业学报，23 (6)：46-48.

杨树申，宫长荣，乔万成，等，1995. 三段式烘烤工艺的引进及在我国推广实施中的几个问题 [J]. 烟草科技 (3)：35-37.

杨树勋，2003. 准确判断烟叶采收成熟度初探 [J]. 中国烟草科学 (4)：34 - 36.

杨天沛，王定斌，王廷清，等，2012. 不同采收成熟度对红花大金元烤后烟叶质量的影响 [J]. 湖北农业科学，51 (1)：94 - 97.

杨铁钊，杨志晓，聂红资，等，2009. 富钾基因型烤烟的钾积累及根系生理特征 [J]. 作物学报，35 (3)：535 - 540.

杨兴有，崔树毅，刘国顺，等，2008. 弱光环境对烟草生长、生理特性和品质的影响 [J]. 中国生态农业学报，13 (3)：635 - 639.

杨兴有，刘国顺，2007. 成熟期光强度对烤烟理化特性和致香成分含量的影响 [J]. 生态学报 (8)：5 - 7.

杨兴有，刘国顺，伍仁军，等，2007. 不同生育期降低光强对烟草生长发育和品质的影响 [J]. 生态学杂志，26 (7)：1014 - 1020.

杨于峰，2013. 揭膜培土对烤烟产质、产量影响的研究 [D]. 长沙：湖南农业大学.

杨园园，穆文静，王维超，等，2013. 调整烤烟移栽期对各生育阶段气候状况的影响 [J]. 江西农业学报，25 (9)：47 - 52.

杨志清，1998. 云南省烤烟种植生态适宜性气候因素分析 [J]. 烟草科技 (6)：40 - 42.

叶旭刚，王小国，2008. 贵阳烤烟区茬口套种豌豆栽培技术 [J]. 农技服务 (9)：39 - 40.

易迪，彭海峰，屠乃美，2008. 施氮量及留叶数与烤烟产质量关系研究进展 [J]. 作物研究，22 (5)：476 - 479.

易建华，蒲文宣，张新要，等，2006. 不同烤烟品种区域性试验研究 [J]. 中国农村小康科技 (6)：21 - 24.

易念游，徐明康，邓传忠，等，1999. 上海烟草集团南方基地烤烟品种（系）区域试验 [J]. 西昌农业高等专科学校学报，13 (1)：13 - 17.

尹启生，陈江华，王信民，等，2003. 2002 年度全国烟叶质量评价分析 [J]. 中国烟草学报（增刊）：59 - 70.

尹学田，赵平敏，周永，等，2009. 氮素形态与比例对烤烟生长和烟叶产量质量的影响 [J]. 山东农业科学 (4)：65 - 67.

于川芳，李晓红，罗登山，等，2005. 玉溪烤烟外观质量因素与其主要化学成分之间的关系 [J]. 烟草科技 (1)：5 - 7.

于华堂，王卫康，冯国桢，等，1995. 烟叶分级教程 [M]. 北京：科学技术文献出版社.

于建军，2003. 卷烟工艺学 [M]. 北京：中国农业出版社.

于建军，董高峰，马海燕，等，2009. 同一烤烟在两个烟区中性致香物质含量的差异性分析 [J]. 浙江农业科学 (4)：834 - 838.

于永靖，周树云，2012. 烤烟烟叶结构优化配套栽培技术研究 [J]. 现代农业科技 (6)：50 - 52.

袁金华，徐仁扣，2010. 稻壳制备的生物质碳对红壤和黄棕壤酸度的改良效果 [J]. 生态与农村环境学报，26 (5)：472 - 476.

岳伦勇，朱列书，廖雪芳，等，2013. 烟叶烘烤研究进展 [J]. 作物研究 (4)：411-415.

云南省烟草科学研究所，中国烟草育种研究中心，2007. 云南烟草栽培学 [M]. 北京：
科学出版社.

曾东强，刘奎，谢艺贤，等，2014. 蓟马类害虫抗药性研究进展 [J]. 农学学报，4 (3)：
28-34.

曾洪玉，张国治，苏以荣，等，2005. 烟草钾素营养与提高烤烟烟叶含钾量的研究现状与
展望 [J]. 云南农业大学学报，20 (2)：219-224.

曾晓鹰，杨金奎，段焰青，等，2009. 烟叶生物酶活性与其等级和醇化时间的相关性
[J]. 烟草科技 (5)：48-51.

翟馄，向东山，2006. 不同施氮量和移栽时间对烤烟产量和质量的影响 [J]. 安徽农业科
学 (34)：3097-3098，3181.

翟兴，陈丽萍，韦谊，2011. 采收成熟度对贵州特色烟评吸质量的影响 [J]. 农技服务，
28 (4)：533-534.

张阿凤，潘根兴，李恋卿，2009. 生物黑炭及其增汇减排与改良土壤意义 [J]. 农业环境
科学学报，28 (12)：2459-2463.

张波，王树声，史万华，等，2010. 凉山烟区气象因子与烤烟烟叶化学成分含量的关系
[J]. 中国烟草科学，31 (3)：13-17.

张国，朱列书，陈新联，等，2007. 湖南烤烟部分化学成分与气象因素关系的研究 [J].
安徽农业科学，5 (3)：748-750.

张家鹏，2000. 优良烟种"红花大金元及高产栽培"[J]. 农技服务 (1)：18-19.

张建，2008. 不同施氮量及栽培密度对烟叶质量的影响 [J]. 贵州农业科学，36 (5)：
59-62.

张静，王超，刘浩，等，2017. 云南某卷烟品牌省内原料基地烟叶钾含量区划及增钾技术
研究 [J]. 西南农业学报，30 (增刊)：122-125.

张静，严君，杨景华，等，2019. 云南某卷烟品牌云南原料基地土壤、烟叶氯素含量特征
研究 [J]. 中国农学通报，35 (31)：50-55.

张凯，牛颜冰，周雪平，2005. 表达 dsRNA 的转基因烟草能阻止烟草花叶病毒的侵染
[J]. 农业生物技术学报，13 (2)：226-229.

张黎明，2011. 氮素用量对烤烟生长发育及产质量的影响 [J]. 湖南农业科学 (18)：
29-30.

张黎明，却志群，2011. 不同留叶方式和数目对烤烟生长及产质量的影响 [J]. 河南农业
科学，40 (9)：48-51.

张礼生，陈红印，李保平，2014. 天敌昆虫扩繁与应用 [M]. 北京：中国农业科学技术
出版社.

张丽英，鲜兴明，许自成，等，2012. 采收成熟度对红花大金元烟叶质量影响的研究综述
[J]. 江西农业学报，24 (2)：117-119.

张树堂，2007. 红花大金元品种品质特征 [J]. 湖南农业大学学报（自然科学版），33

（2）：170－173.

张树堂，崔国民，杨金辉，1997. 不同烤烟品种的烘烤特性研究［J］. 中国烟草科学
（4）：37－41.

张树堂，杨雪彪，2000. 红花大金元的烘烤特性和烘烤方法［J］. 烟草科学研究（1）：
44－47.

张文锦，梁月荣，张应根，等，2006. 遮阴对夏暑乌龙茶主要内含化学成分及品质的影响
［J］. 福建农业学报，21（4）：360－365.

张文玲，李桂花，高卫东，2009. 生物质碳对土壤性状和作物产量的影响［J］. 中国农学
通报，25（17）：153－157.

张喜峰，2013. 移栽期对陕南烤烟生长、产量和品质的影响及其生物学机制［D］. 咸阳：
西北农林科技大学.

张喜峰，张立新，高梅，等，2014. 密度、留叶数及其互作对烤烟光合特性及经济性状的
影响［J］. 中国烟草科学，35（5）：23－28.

张翔，毛家伟，黄元炯，等，2012. 不同施肥处理烤烟氮磷钾吸收分配规律研究［J］. 中
国烟草学报，18（1）：53－56.

张晓龙，普郑才，陈芳锐，等，2010. 有机无机肥配施对红花大金元烤烟产质量的影响
［J］. 现代农业科技（7）：56－58.

张新要，易建华，蒲文宣，等，2006. 烤烟新品种（系）试验初报［J］. 中国烟草科学
（4）：38－41.

张新要，袁仕豪，易建华，等，2006. 有机肥对土壤和烤烟生长及品质影响研究进展
［J］. 耕作与栽培（3）：20－21.

张修国，罗文富，苏宁，等，2001. 烟草黑胫病发生动态与黑胫病菌全基因组（DNA）遗
传分化关系的研究［J］. 中国农业科学，34（4）：379－384.

张亚婕，2014. 延迟采收对烟叶显微和亚显微结构的影响研究［D］. 昆明：云南农业大学.

张艳漩，林坚贞，2000. 植绥螨在生物防治中的作用及其产业化探索［J］. 福建农业学
报，15（增刊）：185－187.

张燕，李天飞，宗会，等，2003. 不同产地香料烟内在化学成分及致香物质分析［J］. 中
国烟草科学，24（4）：12－16.

张喆，2004. 烟叶主要化学成分与等级品质关系的研究［D］. 北京：中国农业大学.

章元寿，1996. 植物病理生理学［M］. 南京：江苏科学技术出版社.

招启柏，汤一卒，王广志，2005. 烤烟烟碱合成及农艺调节效应研究进展［J］. 中国烟草
学报（4）：19－22.

招启柏，王广志，王宏武，等，2006. 烤烟烟碱含量与其他化学成分的相关关系及其阈值
的研究［J］. 中国烟草学报，12（2）：26－28.

赵莉，2013. 烤烟红花大金元不同晾置及采收方式对上部叶品质的影响［D］. 郑州：河南
农业大学.

赵铭钦，苏长涛，姬小明，等，2008. 不同成熟度对烤后烟叶物理性状、化学成分和中性

香气成分的影响 [J]. 华北农学报 (3)：146-150.

中国农业科学院烟草研究所，1987. 中国烟草栽培学 [M]. 上海：上海科学技术出版社.

钟国辉，董国正，黄界，2000. 不同生产技术对西藏烤烟品质的影响 [J]. 烟草科技 (5)：43-44.

钟剑，2013. 烤烟密集烘烤技术研究 [D]. 长沙：湖南农业大学.

钟鸣，曾文龙，张红斌，等，2012. 不同留叶数对优化烤烟等级结构的影响 [J]. 现代农业科技 (11)：9-10.

钟翔，申昌优，郭伟，等，1997. 地膜覆盖对烤烟生态、产量和品质影响效果研究 [J]. 江西农业科技 (1)：14-17.

周恒，邵惠芳，许自成，等，2009. 不同醇化阶段复烤片烟化学成分与感官质量的关系 [J]. 四川农业大学学报，27 (4)：433-439.

周冀衡，朱小平，王彦亭，等，1996. 烟草生理与生物化学 [M]. 合肥：中国科学技术大学出版社.

周金仙，2006. 不同烤烟品种生态适应性评价 [J]. 种子，25 (2)：58-60.

周敏，董石飞，雷靖，等，2020. 云烟品牌原料基地烟叶钾氯比分布特征及区划 [J]. 西南农业学报，33 (5)：1048-1054.

周瑞增，1999. 中国烟草50年 [M]. 北京：中国农业科学出版社.

周思瑾，杨虹琦，林雷通，等，2010. 不同揭膜培土方式对烤烟产质量的影响 [J]. 湖南农业科学 (9)：35-38.

周兴华，1993. 烟稻轮作与烟草土传病害发生关系的初步探讨 [J]. 中国烟草 (2)：39-40.

周亚哲，杨梦慧，王芳，等，2016. 嘉禾烟区云烟99适宜施氮量与种植密度初探 [J]. 作物研究，30 (6)：714-718.

朱大桓，韩锦峰，于建军，等，1999. 烤烟自然醇化和人工发酵过程中香气成分变化的研究 [J]. 中国烟草学报 (4)：6-11.

朱贵川，舒中兵，艾复清，等，2009. 采收成熟度对红大烤后烟叶等级质量的影响 [J]. 现代农业科技 (10)：132-133.

朱友林，刘纪麟，1996. 受玉米大斑病菌侵染后玉米抗感近等基因系SOD动态变化的研究 [J]. 植物病理学报 (2)：133.

朱尊权，1990. 烟叶分级和烟叶生产技术的改革 [J]. 烟草科技 (3)：2-7.

朱尊权，1994. 论当前我国优质烟生产的技术导向 [J]. 烟草科技 (1)：2-4.

祖朝龙，徐经年，殷凤生，等，2004. 皖南烟区烤烟移栽适期的研究 [J]. 安徽农业科学，32 (5)：969-970.

祖世亨，1984. 烟烤质量的光温水指标及黑龙江省优质烤烟适宜栽培区的初步划分 [J]. 烟草科技 (1)：32-38.

觉，1993. 烟草的生产、生理和生物化学 [M]. 朱尊权，译. 上海：远东出版社.

FUS H D，朱显灵，1997. 运用打顶和控制腋芽技术调节烟叶可用性 [J]. 烟草

科技 (1): 39 - 41.

CHAN K Y, ZWIETEN V L, MESZAROS I, et al. , 2008. Using poultry litter biochar as a soil amendments [J]. Australian Journal of Soil Research, 46: 437 - 444.

CHANG L X, ZENG R, SHENG C R, et al. , 2010. Study on the control of tobacco black shank by using dry mycelium of Penicillium chrysogenum [J]. Journal of Life Sciences (4): 1 - 6.

CHAPPELL T M, BEAUDOIN A L P, KENNEDY G G, 2013. Interacting virus abundance and transmission intensity underlie tomato spotted wilt virus incidence: an example weather - based model for cultivated tobacco [J]. PLoS One, 8 (8): e73321.

CHEN S Y, DONG H Z, FAN Y Q, et al. , 2006. Dry mycelium of Penicilliumchrysogenum induces expression of pathogenesis - related protein genes and resistance against wilt diseases in Bt transgenic cotton [J]. Bio - logical Control (39): 460 - 464.

CLOUGH B F, MILTHORPE F L, 1975. Effects of water deficit on leaf development in tobacco [J]. Functional Plant Biology, 2 (3): 291 - 300.

DONG H Z, COHEN Y, 2002. Induced resistance in cotton seedlings against fusarium wilt by dried biomass of Penicillium chrysogenum and its water extract [J]. Phytoparasitica (30): 77 - 78.

FLOR H H, 1971. Current status of the gene for fgene concept [J]. Annu Rev Phytopathol, 9: 275 - 296.

HAIM R, 1993. Disease resistance results from foreign phytoalexin expression in a novel plant [J]. Nature, 361 (4): 153 - 156.

HAMMERSCHIMIDT R, 1982. Lignification as mechanism for induced SAR in cucumber [J]. Physiol Plant Pathol, 21: 61 - 71.

HEATH M C, 2000. Advances in imaging the cell biology of plant microbe interactions [J]. Annu Rev Phytopathol, 38: 443 - 459.

HOFFMANN D, HOFFMANN A, EL - BAYOUMY K, 2001. The Less Harmful Cigarette: a Controversial Issue. A Tribute to Ernst L. Wynder [J]. Chemical Research in Toxicology, 14 (7): 767.

LAMB C J, 1989. Signals and transduction mechanisms for activation of plant defenses against microbial attack [J]. Cell, 56: 215 - 224.

LLOYD R A, MILLER C W, ROBERTS D L, et al. , 1976. Flue - Cured Tobacco Flavor [J]. Essence and essential oil components (20): 43 - 51.

MO, X H, QIN X Y, YANG C, et al. , 2003. Complete nucleotide sequence and genome organization of a Chinese isolate of Tobacco bushy top virus [J]. Archives of Virology, 148: 347 - 389.

MONTALBINI P, BUONAURIO R, 1986. Effect of tobacco mosaic Virus infection on leaves of soluble superoxide dismutase (SOD) in Nicotiana tabacum and *Nicotiana gluti-*

nosa leaves [J]. Plant Sci, 47: 135.

MOSELEY J M, 1963. The relationship of maturity of the leaf at harvest and certain properties of the cured leaf of flued - cured tobacco [J]. Tobacco Science (7): 67 - 75.

NOVAK J M, BUSSCHER W J, LAIRD D L, et al. , 2009. Impact of bio - char amendment on fertility of a southeastern coastal plain soil [J]. Soil Science, 174 (2): 105 - 112.

REYNOLDS L B, ROSA N, 1995. Effect of irrigation Scheduling and amounts on fluecured tobacco in Ontario [J]. Tobacco Science, 39: 83 - 91.

RYU M H, LEE U C, JUNG H J, 1988. Growth and chemical properties of oriental tobacco as affected by transplanting time [J]. Journal of The Korean Society of Tobacco Science, 10 (2): 109 - 116.

SHEEN S J, 1973. Changes in Amount of Polyphenols and Activity of Related Enzymes during Growth of Tobacco Flower and Capsule [J]. Plant physiology, 51 (5): 839 - 844.

STEINBEISS S, GLEIXNER G, ANTONIETTI M, 2009. Effect of bio - char amendment on soil carbon balance and soil microbial activity [J]. Soil Biology and Biochemistry, 41 (6): 1301 - 1310.

STEINBERG R A, TSO T C, 1958. Physiology of the tobacco plant [J]. Annual Review of Plant Physiology, 9 (1): 151 - 174.

TESFAYE S G, ISMAIL M R, KAUSAR H, et al. , 2013. Plant water relations, crop yield and quality of arabica coffee (Coffea arabica) as affected by supplemental deficit irrigation [J]. International Journal of Agriculture and Biology, 15 (4): 665 - 672.

WARNOCK D D, LEHMANN J, KUYPER T W, et al. , 2007. Mycorrhizal responses to biochar in soil - concepts and mechanisms [J]. Plant and Soil, 300 (1/2): 9 - 20.

WEYBREW J A, WAN ISMAIL W A, LONG R C, 1983. The cultural management of flue - cured tobacco quality [J]. Tobacco international, 185 (10): 82 - 87.